不如来做一只猫

[日] 耶六 著
肖潇 译

中国科学技术出版社
·北京·

ITSUMO KOKORO NI NEKO CHAN WO by Jam, ISBN :9784569852478
Copyright © 2022 by Jam
First original Japanese edition published by PHP Institute, Inc., Japan.
Simplified Chinese translation rights arranged with PHP Institute, Inc.
through Shanghai To-Asia Culture Co., Ltd.
Simplified Chinese translation copyright © 2024 by China Science and Technology Press
Co., Ltd.
All rights reserved.
北京市版权局著作权合同登记　图字：01-2023-5271

图书在版编目（CIP）数据

不如来做一只猫 /（日）耶六著；肖潇译 . -- 北京：
中国科学技术出版社，2024.9
ISBN 978-7-5236-0584-4

Ⅰ.①不… Ⅱ.①耶… ②肖… Ⅲ.①情绪—自我控
制—通俗读物 Ⅳ.① B842.6-49

中国国家版本馆 CIP 数据核字（2024）第 061259 号

策划编辑	王碧玉	责任编辑	高雪静
封面设计	仙境设计	版式设计	蚂蚁设计
责任校对	邓雪梅	责任印制	李晓霖

出　　版	中国科学技术出版社
发　　行	中国科学技术出版社有限公司
地　　址	北京市海淀区中关村南大街 16 号
邮　　编	100081
发行电话	010-62173865
传　　真	010-62173081
网　　址	http://www.cspbooks.com.cn

开　　本	787mm×1092mm　1/32
字　　数	87 千字
印　　张	4.75
版　　次	2024 年 9 月第 1 版
印　　次	2024 年 9 月第 1 次印刷
印　　刷	北京盛通印刷股份有限公司
书　　号	ISBN 978-7-5236-0584-4 / B・172
定　　价	59.00 元

（凡购买本社图书，如有缺页、倒页、脱页者，本社销售中心负责调换）

我家曾经有五只猫

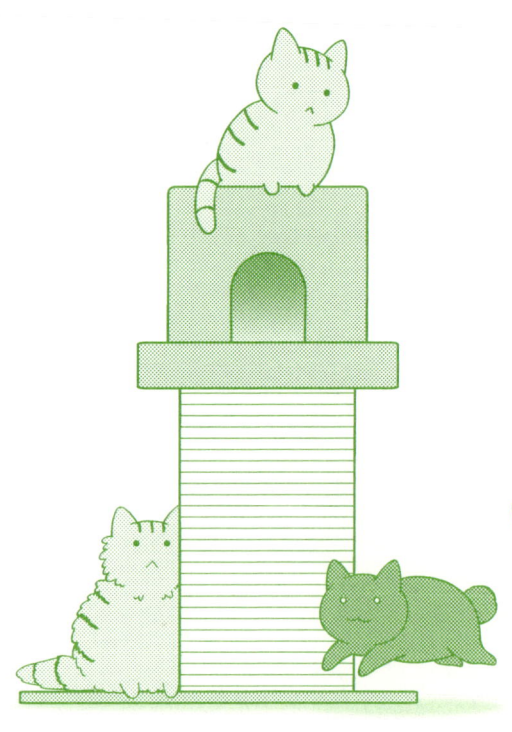

虽然它们都有血缘关系
但体格大小
性格
对食物的喜好
各不相同

我用同样的方式养大它们
但得到的结果却不一样

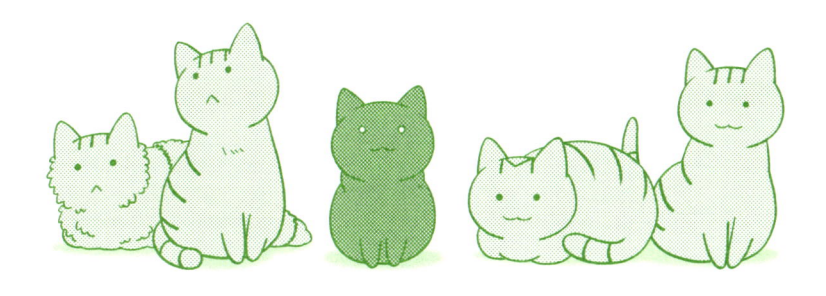

猫咪家族中存在类似人际关系的『猫际关系』

难受的时候
悲伤的时候
寂寞的时候
开心的时候
我和猫咪
一起度过了很多时间
有了很多思索
也经历了无数别离

表面上看
是我养育了猫
但实际上
也许是它们养育了我

前言

和人打交道能学到不少东西,和猫打交道也一样。

表面上看是我养育了猫,但在此过程中我也被猫养育着。

自从向猫学习以后,遇到曾经困扰我的问题时,我都会想"如果是猫的话,现在会这样做",于是就会轻松很多。有时候我甚至还会想"如果是猫的话,现在会怎么思考"。就这样,我把从猫身上观察到的经验运用到了日常生活中。

正如本书书名所表述的,我把猫性放在心里,跟它们学做猫。当然,猫咪们可能会腹诽"我可没有说过这种话"(苦笑)。

人类和其他动物无论是生存的世界,还是遵循的规则都不相同,如果全盘照搬,恐怕就会成为自由奔放的"野人"。但是猫又有些许不同,它神秘,而且时不时会有类似人的行为举止,给人一种似人而非人的神秘感。因此,以猫为题材的文学作品并不鲜见,关于猫的传说也很多。猫这种生物拥有非凡的魅力,它们的故事被人们口口相传,就连它们的生活方式也能给人警示。

我经常去浅草的今户神社，那里除了祭祀着巨大的招财猫塑像，院内也放置了很多猫的摆件。今户神社里面还养了一只很有名的猫，据说碰见它就能心想事成。我去这个神社是因为看了一个知名漫画家的采访，他在采访中说"自从去那里祭拜了之后，工作顺利多了"。于是我便也想去沾沾光。

实际上，自从去祭拜之后，我创作的有关猫的漫画便迅速在社交平台上有了反响，紧接着还有关于猫的工作找上门来。当时我只是一名游戏设计师，但现在已经是专写猫咪书籍的作者了。

不管我什么时候去今户神社，都会有一种强烈的感受，那就是人们来到此处并非只是因为这里可以"求姻缘"，还有人像我这样，认为"猫应该可以给我一些指引"。

我会从猫身上学习，可能也有这个原因吧。

如果是猫的话，在这种情况下会怎么做？如果把某人看作一只猫，会发生什么？我在这本书中便记录了我从猫身上学到的放松身心的方法。

如果读者朋友能从中获益，那么我将无比欣慰。

* 译者在文中涉及人际关系的地方统一用"他"这个第三人称代词只是为了方便翻译，没有任何性别歧视的意思。

* 本书漫画部分从右至左阅读。

目录 contents

第一章　朋友

- 01　做自己就好 …… 2
- 02　远离依赖性强的人 …… 4
- 03　不合群也没关系 …… 6
- 04　不要理睬背后中伤 …… 8
- 05　牢骚太盛 …… 10
- 06　谎言会穿帮 …… 12
- 07　少言寡语也没关系 …… 14
- 08　谦虚不使人进步 …… 16
- 09　可以选择离开 …… 18
- 10　想要盟友一般的同伴 …… 20
- 11　不要妄图改变对方 …… 22
- 12　声称关系很好的人 …… 24
- 13　总是不幸的人 …… 26
- 14　没有分寸感的人 …… 28

第二章　恋爱

01	猜不透对方的心思	32
02	渴望被爱不是罪过	34
03	学会放弃	36
04	被别人喜欢也很累	38
05	为什么心情不好？	40
06	渴望亲密	42
07	想被搭话	44
08	因为冷淡的回应而沮丧	46
09	讨厌被否定	48
10	不被爱	50
11	划清边界	52
12	不必容忍一切	54
13	衰老意味着什么？	56
14	爱是什么？	58

第三章　工作

- 01　随机应变 ·················· 62
- 02　别人能做到的，我不一定能做到 ·········· 64
- 03　危险时可以逃跑 ·················· 66
- 04　以前能做到的，现在做不到了 ·········· 68
- 05　羡慕不惧风险的人 ·················· 70
- 06　轻视别人？ ·················· 72
- 07　想把爱好变成事业 ·················· 74
- 08　天上不会掉馅饼 ·················· 76
- 09　不够专注 ·················· 78
- 10　想得到肯定 ·················· 80

第四章　陌生人

01　想与别人产生共鸣 …………… 84
02　蛮不讲理 …………………………… 86
03　看不惯 ……………………………… 88
04　自来熟 ……………………………… 90
05　被路人激起的愤怒 …………… 92
06　在社交平台上被贬损 ………… 94
07　街头碰见的危险人物 ………… 96
08　志愿者精神是必要的吗？ … 98
09　羡慕 ………………………………… 100
10　不想接触陌生人 ……………… 102
11　被冷漠敷衍后感到气愤 …… 104
12　想被陌生人追捧 ……………… 106

第五章　自己

- 01　不想生气 …………………… 110
- 02　想生气 ……………………… 112
- 03　想任性而为 ………………… 114
- 04　想要保持欲望 ……………… 116
- 05　想变得温柔 ………………… 118
- 06　对讨厌的事物想直言不讳 … 120
- 07　无法容许的事 ……………… 122
- 08　可以选择不同的态度吗？ … 124
- 09　不惧将来 …………………… 126
- 10　不因过往而苦 ……………… 128
- 11　不知道想做什么 …………… 130
- 12　想变得幸福 ………………… 132

后记 …………………………… 135

第一章

朋友

不如来做一只猫

朋友

01 做自己就好

呼——

但要呈现真实的自己也太难了。

虽然无论何时做自己都是最轻松的,

嗒嗒嗒嗒 喵

猫不管在谁面前都能做自己。

哎呀哎呀

你还真是爱撒娇的温柔小猫呀!

咚咚

客人 啥?! 喵

我被挠了……

……

毛发倒竖

医院

人也许没有必要随时都呈现真实的自己。

啊呀……

连猫都表里不一,

蹦

如果有人问我，是否应该始终如一地呈现真实的自己，那我会这样回答："视情况而定，表里不如一也是可以的。"

我经常观察猫，总是羡慕它随性而自我地生活着，但猫在某些情况下也是表里不一的。当家里来客人时，平时黏人的猫就会摆出一副"我才不要撒娇呢"的样子，与我拉开一些距离。还有当我不在场时，它对客人及家人的态度与我在场时也截然不同。

哪一面才是真实的它呢？其实每一面都是真实的它，做自己或许并不用拘泥于某个固定的状态。

我认为大家赞同以本真来生活的原因在于，强行压抑自己的情绪实在太痛苦。但在这种情况下，仍然有那么多人不能呈现真实的自己，这不正是因为有不得不强行压抑自己的理由吗？

有人喜欢在心仪的人面前表现，有人想在职场上维持理想人设，这时的自己虽然和原本的自己有些许出入，但也都是特定场合下的真实的自己。

如果非得规定"要经常呈现真实的自己"，那不也是给自己设限吗？所以不用强迫，只要根据具体情况呈现自己就行。

朋友

02

远离依赖性强的人

是朋友的话就帮我！

有困难时，朋友是会伸出援手的吧？

什么？

喵

猫是善于忍受的动物。

我没事哟。

这一点和人类的朋友很像。

不痛的哟，喵喵！

难受的时候不会表现出来，因此需要时刻注意，

不要利用"朋友"二字哦！

猫和朋友都很难把"帮帮我"说出口，真让人担心。

"因为是朋友,就必须……"这种话就像"养了猫就不会结婚"一样,没什么必然联系。朋友并非必须要为对方做任何事,如果对方太过依赖你,你甚至可以和他断绝关系。不要被"你必须……"这种话道德绑架,你只需要在发自内心地想要帮助、理解对方时遵从自己的意愿就可以。

朋友关系建立在相互喜欢、相互珍视的基础上,朋友不是方便使唤的道具。

诚然,朋友会帮助我、关心我,反过来,我也会如此对待朋友。但这是基于双方意愿的决定,而不应把帮助看作理所当然。恰恰是因为珍视对方,才会更加顾虑对方在帮助自己时是否会为难,不是吗?

满口"是朋友就帮我……"的人,只不过是在依赖你,觉得"朋友"二字方便利用而已。如果这话有理,那"是朋友就原谅我吧"这种借口也就合情合理了。对于依赖性强的人来说,朋友不是"因为喜欢而在一起"的人,而是"为自己无偿奉献的便利道具"。

不如来做一只猫

朋友
03
不合群也没关系

——
我不太合群，在社会上会吃不开吧。

但有些个体也不一样。
不是说狗是群居性动物，猫是独居动物吗？

哎呀，太可怜了！
喵
指导
如果要求它必须要像其他猫一样独居……

只要能生存下去就行。
也有很多不用社交也可以做的工作哦！

人一旦进入学校或社会，很多时候就需要团体行动，因此人们就更加相信"不能不合群"。

但在如今的时代生存，不一定非要合群。远程办公发展迅速，今后"不合群"的生活只会更加便捷。我虽然不反感与别人一起行动，但我平时工作和生活基本上都是一个人在家。这种无须身处人群便能做的工作非常多。

因此，我认为，只要能够生存下去，不合群也没关系。另外，人都有擅长和不擅长的事，这与性格息息相关。不擅长也并非缺点，不是必须克服的障碍。人可以不必那么完美。

虽说犬科动物会群体行动，猫科动物习惯单独行动，但猫在被饲养后也会像狗一样步步紧跟主人。它们或群体、或单独地狩猎只是为了适应生存环境，如果不必单独狩猎，猫也会选择合乎自己性情的生活方式。同样，人也不必刻意迎合旧习，选择让自己最舒适的生存方式就行了。

不如 来做一只猫

朋友

04

不要理睬背后中伤

那个家伙呀！别人说我坏话。

是个××吧？

如果对方是只猫就好了。

好有道理！（笑）

喵喵喵

喵喵

猫就只会"喵喵"叫，我都听不懂它在说什么！

不会觉得对方在胡言乱语吗？

无中生有的坏话有听的必要和价值吗？

当作"喵喵喵"的声音听吧！

这种时候……

8

听到别人无中生有背后中伤自己时，你只需要把对方当作猫就行了。把这种话当作"喵喵喵"的声音，会轻松很多。

人听不懂猫的语言，无中生有的坏话也一样，让人摸不着头脑。认真倾听这种话只会破坏自己的好心情。虽然对方并不可爱，但因为说的话同样让人费解，这种时候就和"喵喵"叫的猫没有什么区别。

就算你知道对方这样说的理由，也可以不予理睬。那些人有不满却不沟通解决，反而选择背后中伤，这只是为了贬损他人的形象而已。而实际的结果也恰好相反，比起被议论的人，背后议论他人的人反而更容易给人留下不好的印象。因为在这个场合议论他人的人，在另一个场合就很有可能会议论起你。

每个人都有自由决定自己对他人的看法是好是坏，而且这世间不存在不被议论的人。即便有无可挑剔的圣人，最后也一定会因为被嫉妒而遭受非议。想到这世间没有人不被议论，你的内心是否会轻松一些？我们就把非议当作"喵"的声音，左耳进右耳出吧。

不如来做一只猫

朋友

05

牢骚太盛

又要被迫听抱怨了。

唔……

你只要听我说,我就觉得好受了不少。

听脏话和抱怨可太折磨人了。

喵

那家伙就是xxx,简直太xxx了。

喵 喵 这下好了
喵

抱歉啊,我有急事!

关掉

什么?

与别人分享快乐好过传递痛苦。

痛苦全都飞走吧!

情绪会传染!

喵

抱怨并非坏事，但就像别人有抱怨的自由一样，你也有不听抱怨的自由。有的人被倾听后心里会舒服不少，也有的人听到别人抱怨就觉得难受。

我有时候听别人抱怨就感到特别难受，这时，我家的猫似乎能察觉到我的痛苦，会不安地叫。所以我意识到，就算是为了猫，也不能把坏情绪带回家。一个人生活的情况下，你要独自承受这份坏情绪；和家人或恋人共同生活的情况下，他们或许也会像猫一样，因你的痛苦而痛苦。

情绪是会传染的。当看到别人阴沉的表情时，自己的情绪也会变得低沉；如果身边有生气的人，周围的空气都会变得紧绷。抱怨是消极的，没人在听到抱怨后还能神清气爽。如果朋友牢骚满腹，我认为在一段时间内减少与他接触会比较好。当然，如果你的内心还有空间，听一听朋友的抱怨也无妨，毕竟很多人会因此而得到救赎。想要支撑别人的时候，首先需要保证自己站稳了，不然只会和对方一起倒下。因此，我认为在自己能承受的范围内倾听他人的抱怨就可以了。

朋友 06 谎言会穿帮

靠近
我不会对你做什么的！♪
乖乖，真是好孩子。

逃
啊呀……

拿出
……
想吃小鱼干儿吗？

逃
就算语言不通，谎言还是会被察觉。
指甲剪

谎言大概率会穿帮。就连不懂人类语言的猫都能察觉到我背后藏着的指甲剪,对使用同样语言的人类撒谎就更难了。

朋友是和我们关系亲密的人,比陌生人更了解我们,对我们细微的变化也更敏感,而且朋友的谎言比陌生人的谎言更让人受伤。有的人认为善意的谎言是必要的,这只是借口罢了。即便自认为是为对方着想而撒谎,也应该意识到其中含有利己的动机。因为谎言是否是善意的,评判权应该还给对方。

顺带一提,"不必说的话"和"撒谎"是不同的。比如听到别人对朋友的非议时,没有必要特意告诉朋友,这属于"不必说的话"。但如果被朋友问到"你听到别人说我坏话了吗"时,还是应该原原本本地告诉朋友。总之,谎言越少越好。

人一旦知道对方撒谎,就会开始怀疑过往。谎言不造成伤害的时限也仅限于被骗的人没有察觉时。谎言不能给任何人带来幸福,还是戒除为好。

不如 来做一只猫

朋友 **07** 少言寡语也没关系

> 只要传达了必要的信息,平时不说话也没关系呀!

> 我不太会说话,所以索性就不说话了。

> 喵 你肚子饿了吗?

> 所以只能通过叫声的不同和时间点来推测它的意思。

> 猫就不懂人类的语言,

> 喵 喵 喵 喵 喵

> 真的很难判断它到底想干什么。

> 如果二十四小时都"喵喵"叫的话,

> 少言寡语的人因为话少,反而容易听出重点。

> 唠叨的人话里的信息量太大,让人难以分辨重点。

14

就算不健谈，也无须介意。虽然完全不说话会使对话变得难以为继，但这世间原本就有讲话滔滔不绝的人，也有沉默寡言的人。虽然话多能带动现场气氛，也能让听者感到愉悦，但话里的信息量太大，会让人难以分辨重点。

沉默寡言的人可能无趣，但话少，信息量就不会过多，也能让人更容易听出要点。

因为猫咪不会说话，所以作为主人的我只能根据表情、动作和叫声等少量信息来揣测它们的想法和心情。这一点对沉默寡言的人来说也适用。如果言语信息量少，那么对方只有结合其他信息来理解你的心情。你可能会因此而责怪自己给对方增加了额外的负担，但在面对面的情况下，对方是可以通过你的表情和四周的氛围来做出判断的，所以不必太过介意。

不如来做一只猫

朋友

08

谦虚不使人进步

如果活得太自我的话，会被讨厌的吧？

嗯嗯

我应该更谦虚一点吗？

嗒

嗯

不过，刻意的谦虚不能称为真正的谦虚吧？

暴 嚓嚓嚓 君

啊！在枕头上蹭屁股！

就是它没有刻意为之吧？我也别刻意耍小心思了。

给我，要拿去洗。

毫不谦虚也好，蛮横也罢，我能原谅它的唯一理由，

喵呜

16

我们在意图"更谦虚"时，可能是对自己的行动缺乏信心，或是在意别人的看法。我看着猫时就会想，它的生存方式与谦虚毫不相关，行为举止也旁若无人，但它却并不惹人厌的原因，除了它是猫，更是因为它不刻意伪装，只是按自己喜好的方式生活吧。

如果你从心底渴望并时刻提醒自己要以谦虚的姿态生活，这是好事，但如果只是想受欢迎，或是因为有所图而勉强自己谦虚，那么被人识破时，你就会丧失他人的信任。即便不被识破，你也会因为长久戴着面具而身心俱疲。

我认为面对朋友时不必如此谦虚，只要保持必要的礼仪就可以了。过度谦虚反而会让朋友误认为你不愿敞开心扉。

与其执着于是否谦虚，不如更坦诚地生活。虽然有的人可能会因此离开你，但这样的人本就不能和你长久地走下去，因为真正意气相投的人是不会因为你的坦诚而讨厌你的。

不如 来做一只猫

朋友

09

可以选择离开

我想离开了,实在受不了那个人了。

可以选择离开哦!

猫不能选择主人,

但你有选择朋友的权利。

这个朋友不是你买的,也不是你捡到的吧?

你也不是被对方捡到的、养育的吧?

我们有责任照顾宠物一辈子,但朋友不同。

你在这里哭诉时,他正在别的地方自由地生活着呢!

喵

朋友并非一生都不可分离。

因为吵架和厌恶而离开朋友时，你可能会有罪恶感、自责感。但萌生念头离开缘分匪浅的人，一定是因为发生了于你而言很重大的事。首先你需要好好安抚一直在忍耐的自己，不要再伤害自己。

我们试试这样想，从孩提时代到现在，你有几个长久不变的朋友？相信很少有人能和目前为止认识的所有人都保持联系吧。不管是否愿意，人们都会因为升学、就业、搬家等情况而与一些朋友渐行渐远。没有人会因此而谴责对方的离开，所以，不必因为你要和谁分开去踏上自己的人生旅程而产生罪恶感。虽然目前的阶段需要分开，但如果你们之间有缘，哪怕时过境迁，也可能再次产生联系。

猫咪不能选择主人，但你的朋友并非买卖、捡拾而来，你们出于各自的意愿而待在一起。如果与朋友距离太近让你感到不适，那么只需要离得远一些就行。

如果太过难受，甚至让你产生了离开的想法，那么，不需要勉强自己，远离也好，逃走也罢，保护好自己。

朋友

10

想要盟友一般的同伴

> 想要站在我这边的人。

> 我想要绝对不会背叛的朋友,

> 与其说是交朋友,不如说像招聘人才。

> 绝对不背叛,听起来好像签合同,让人讨厌,

> 这就像是在说想养一只绝对不咬人的猫一样,完全不可能。

> 那你被朋友背叛也觉得无所谓吗?

> 自己能做主的,只有如何去经营这段关系。

> 朋友和猫一样,不能在你们相遇时便预测到将来会怎样。

当你需要绝对不会背叛的朋友时，首先自问一下，是什么原因让你这样想？渴望盟友的原因在于敌人的存在，但只要平凡地生活，便不大可能树敌，所以其中可能另有隐情。

一个人如果想要绝不背叛的朋友，那么他其实是想让朋友做些什么呢？这可能才是这个人不能碰到可信赖的朋友的原因，因为没有人会心甘情愿地被利用。

"想养一只绝对不咬人的猫"的愿望无法实现，"绝对不会背叛的朋友"同样也难以找到。无论对象是猫还是朋友，双方的关系都取决于你们是如何度过在一起的时光的。就算在一开始就问"你会背叛我吗？你会咬人吗？"也并不明智。一方面，将来的事不可预料，这种问题也让人难以回答；另一方面，再温柔的人也有忍耐的限度，即便约定了永不背叛，这种约定也不具有强制性，对方仍然可能会因为被恶劣地对待而选择离开。

与其纠结于朋友是否会背叛，不如自己先做一个值得信赖、忠诚于朋友的人，减少树敌的可能。

不如来做一只猫

朋友 11

不要妄图改变对方

"人不会说变就变的。"

生气……

"我要怎么做，那个人才会改变呢？"

"把那种人当作猫，你会好受很多。"

暴君

"猫不是听不懂人话吗？"

"也对，人是能听懂人话的。"

"但对方是人，可以说话。"

"比猫还难以沟通！"

"明明能听懂，但无论你说什么都不管用的人，"

22

人不会说变就变。期待对方改变是个人的自由，但改变对方则是在提要求。既然是要求，那就可能会遭到抵触，因为没有人被否定之后还能感到开心。换位思考一下，如果你被要求改变成对方期待的样子，你的感受如何？如果你感到讨厌，那就可以想见，要让对方按你的意愿改变是多么困难的事。

我会把无法改变的人想象成猫。无论猫有多可爱、多黏人，它都听不懂人类的语言。如果能用语言交流，那么当它随处大小便时，我就能直接和它沟通，告诫它不要再犯。但人与动物之间语言不通，交流无法让它改变。所以，在不能靠对话促使状况改变的情形下，把对方当作猫，也就能够放弃了。

有的人认为自己用共通的语言表达，那么他们会认为："同为人类，只要好好沟通，就能改变对方吧？"说句实话，虽然能听懂你所说的每一个字，但不管你说什么都听不进去的人，比猫还麻烦。勉强自己去改变这样的人，只会让你精疲力竭。不如接受对方就是如此，不过多来往，反而会轻松很多。

朋友

12 声称关系很好的人

你也喜欢我吧?

烦躁

我很讨厌向周围的人说我们是关系很好的朋友。

嗯嗯

项圈?

这就像猫的项圈一样。

流浪……不,是家猫。

就不太会逃跑,也不容易被偷走。

如果戴了项圈,就表示它是有主人的猫,

人类真麻烦

这就是你烦躁的理由吗!!

这些人可能就是在说,不要偷走我的朋友哦!

被人称作挚友是一种美好的体验。但如果关系并未达到这种程度，对方却在别人面前表现得与你很熟络，就会让你感到困扰。深厚的友谊你知我知即可，不需要向周围的人一一汇报。也许这样说还不太好理解，把友情换成爱情就能一目了然。如果一个你并不喜欢的人逢人便说"我们在谈恋爱呢"，是不是会让你很困扰？这是同样的道理。

拉关系是因为有利可图。对方或是想利用你的人脉关系，或是想满足自己的独占欲。无论原因如何，都非常棘手。

猫会标记自己的地盘，声称与对方关系很好的人也是在标记"这个人是我的"。猫主人给猫带上项圈的用意在于走失后可以拜托别人帮忙寻找，而声称与对方关系很好的人的目的可能是将周围的人变成帮他看住朋友的帮手。

朋友是自愿聚在一起的人，维系友情不需要"戴上项圈"。

朋友

13 总是不幸的人

……

呼……

真羡慕你呀！我就总是很不幸。

总是，那你现在也不幸吗？

什么？

但你却可以选择和谁在一起，要去哪里。

养在室内的猫不能出门，

有空吗？

但反过来想，时常保持同一个状态才更难吧？

"总是"不幸的人有不幸的原因，

总是不幸的人是有必然不幸的原因的。

的确，有的人出生环境不好，又无法摆脱。但即便如此，只要不是被监禁，就总有机会离开给自己带来不幸的场所。

就像人不能永远幸运一样，一直保持不幸的状态也非常困难。如果不曾为摆脱不幸的境地而努力，那不幸便是必然的。

动物界里，弱小的个体会被淘汰。我家的猫生小猫时，猫妈妈会更加偏爱强健的小猫，因为强健的小猫更容易存活。这种野性的母性本能让我非常惊讶。但人类不同，我们可以把弱小变作武器，因为不幸而被温柔对待的人会越来越难以放弃这个武器。

当朋友身处不幸时，我们总想拯救对方于水火之中。但如果对方告诉我们，和我们在一起时他也感到不幸，又或者对方根本就没有摆脱不幸的想法，那么拯救就变成了不切实际的目标，只会让人疲惫。

如果你身边有总是不幸的人，那么我建议你多留一个心眼。

不如来做一只猫

朋友

14

没有分寸感的人

哎……

我的朋友没有分寸感,

我忙的时候他也毫不顾忌地不停打来电话。

现在不行呀!

喵

连猫都会察言观色呢!

算是动物本能吧?

这次能行!!

连猫都会察言观色哦!

这句话说了两遍。

可以不用理会哦!

没有分寸感的人,

如果朋友不知分寸，会让人精疲力竭。一旦你被对方确认为"有回应的人"，便会被缠上。这类人非常执着，我曾经深有体会。对方根本不管我在干什么，只顾不停地打来电话；又或者是仅仅过去几分钟，与他的对话框就布满了整个手机屏。这种感觉就像遇到了跟踪狂，让人不寒而栗。

应付不知分寸的人，第一铁律便是不予理会。

家猫有时也会开启不知分寸的模式，但不知是否是因为动物的本能，猫会察言观色。虽然它看上去随心所欲，但它能察觉到我的状态，在我忙得不可开交时它会当机立断地离开我。

连猫都会察言观色呢！

如果继续回应不知分寸的人，只会耗费你的时间和精力。他们一旦与你产生联系就不会轻易放弃。这时候一定要心如磐石，不予理会，对方便会寻找下一个有回应的人。这世上也有不回应别人就难受的人，所以你不用勉强自己接受这个角色。

第二章

恋爱

不如来做一只猫

恋爱

01 猜不透对方的心思

狼吞虎咽

太好吃了!

喵!

我最喜欢我的主人啦!

乖啦 乖啦

它真实的心思只有它自己知道。

这都是我给它的配音。

哼哼

但仅仅因为喜欢就自以为了解对方,这是傲慢。

理解对方的意愿非常重要,

喵

抱紧

如果对方的想法与你猜测的不一致，不要觉得是自己思虑不周或不懂人心。

我们又不会读心术，不懂对方的心思才是常态。

对方是怎么想的？这只能用语言向他本人确认。而且即便问了，也有人会因为各种缘由不能袒露心声。不知你是否曾经有过虽然心里很难过，但嘴上却说着"我很好"的时候？这种时候只有本人才知道自己的话是真是假。

断言对方心思的行为，就像给动物世界配音一样，以己之心，度人之腹。我和猫一起生活了近二十年，也只能大体推测出它们想吃饭、撒娇的心思。我们之间存在着语言的壁垒，所以不能我问它答，它实际的心思，只有它自己知道。

但即便没有正确答案，我也还是会去思考猫的心思。因为我爱它，我希望它开心，不愿意被它讨厌。我认为这种想法本身是没有错的。即便会读心术，也只能读出对方的心思，而这没有任何意义。比读心更重要的是，觉察自己为什么想要知道对方的心思，以及知道了之后想要做什么。

不如来做一只猫

恋爱
02
渴望被爱不是罪过

飘

想要被爱……

?

来爱我吧！！

想要被爱！！

啊……

嗒嗒嗒

但不能强求对方来爱我呀！

对不起呀！

渴望被爱不是罪过，

退

渴望被爱不是罪过。无论是谁，比起被讨厌，一定更希望自己是被爱着的。我认为，遇到喜欢的人可以表白心意。顺利的话，这次表白会开花结果。人生只有一次，能够找到与自己相爱的人是幸福的，能去爱一个人是一种美好的体验。

不过，不能因为你爱对方，就要求对方也必须爱你。你想和对方在一起，不代表对方也有同样的想法。即便在相爱的情况下，你想要被爱时，对方也不一定正好就能给出爱。这不是因为对方讨厌你，而是因为人会疲惫，从而暂时失去了温柔待人的能力。人在被接纳时的确会有被滋养的感受，但有时候对方的能量会耗尽。一旦如此，爱就会变得沉重。

猫也会经常撒娇，但如果我靠近它，它有时又会马上逃走。我可以随时接纳它，但遗憾的是，它并不如此。无论对象是人还是猫，这时候如果勉强对方，就只会被厌恶吧？你可以渴望被爱，但是不要强求。

不如 来做一只猫

恋爱
03
学会放弃

呜呜呜
喵 喵
招 招
无论如何都无法放弃……

喵喵喵
今天不能再吃零食了。
无论如何……无法……

转身
怎么啦?

真让作为人的我感到羞愧。 真现实呀!
猫都知道适时放弃,

虽然梦想和目标最好不要放弃，但人际关系却是可以视情况选择放弃的。人际关系不是只靠单方面努力就能维系的，相反，如果对他人太过执着，反而容易养成跟踪狂的特质，甚至可能会引发事端。电视剧里经常有因无法放弃而不断接近对方，最后还迎来圆满结局的桥段。但如果同样的事在现实中发生在自己身上，我们就会感到非常可怕。所以还是不要越界，适可而止吧。

猫咪有很多需求，吃完饭之后又会马上"喵喵"地吵着要零食。一旦它知道不管怎么吵都无法如愿时，就会毫无留恋地撤退。或许它认识到这是在白费力气，或许它有作为猫的克制，又或许这是猫的野性本能的残留，因为野生动物如果与某一只猎物纠缠太久，可能会影响到自身的存亡。

就连猫都知道行不通的时候要放弃，所以当我看到有些人明知行不通却无法放弃、优柔寡断时，就会觉得有些羞愧。也许我们可以学习猫的做法，对自己的行为做一些调整。

不放弃的特质可以用到梦想和目标上，其他时候就适时放弃，向前看吧。

不如 来做一只猫

恋爱

04 被别人喜欢也很累

我去泡茶。 好啦，下去吧。 哇！ 好乖呀，抱它也不会生气吗？

抱下去

哇呀！！ 吓到……

我做同样的事却被挠了！ 没事吧？

为什么你会觉得你也可以呢？ 被不喜欢的人喜欢也很累呀。

相信大多数人在被有好感的人喜欢时会感到开心。

猫也一样，对主人撒娇卖萌，却在主人不在场时对想要抱它的访客露出爪牙。我想一定是因为主人不在场，陌生人这种"大型生物"的靠近让它感到了危险吧。猫可以毫无遮拦地表达拒绝，但人却不能。

当对方是我们职场的上司、前辈，或是伴侣的亲族时，其单方面表达的喜爱之情会让人难以拒绝，使人疲惫。有时候一些单方面的感情甚至会让人觉得恐惧，比如被跟踪狂跟踪，或是被分手的对象怨恨。

解决方法还是得学习猫，少量而持续地向对方释放"讨厌"的信号。如果做不到，至少应该避免主动靠近。这里虽然很难把握好"度"，但最好能尽量做到表达讨厌时不被对方怨恨。如果顺利的话，对方会有所察觉，周围的人也可能会尽量避免让你们碰面。反过来，如果你对对方的好感让对方感到不适，那就把这份喜欢藏在心底吧。

不如来做一只猫

恋爱

05

为什么心情不好？

唉……	我以为男朋友突然心情不好了，
结果他却反问我是不是心情不好。	

但是……
嘶哈
在对方告诉你理由之前，可以不必这么介意。

嘿？怎么突然就……
哇呜 哇呜
毛发竖立
……

是这样吗？
嘶哈
每次的心情变化并非都有理由。

身边的人心情不好时,我们很容易怀疑是不是自己做错了事。但如果你没有任何头绪,对方也没有明确表示与你有关,那你就不必自责与内疚。因为一个人情绪的变化并非都有理由,也不一定与身边之人有关。

猫咪有时会突然对访客动怒,这时访客就会拼命寻找理由:"是不是因为来的路上沾染了烟草味?""是不是因为它讨厌大嗓门的人?"但最后,原因总是不得而知。它有可能是嫉妒访客与主人的关系,也有可能只是因为天气不好,找个地方发泄而已。总之,就是不讲理(苦笑)。

当你认为自己应该为身边人的情绪负责时,胡乱猜测往往会让情况变得更糟糕,所以,只要对方不表明原因在你,那么你就可以挺直腰板。

有的人在生气时会反问:"你知道我为什么心情不好吗?"这时如果猜得不准确就太浪费精力了。所以对方只要不说明为什么生气,我们也可以不予理会。俗语说得好:"不干己事少出头。"这时候就放任对方去吧。

不如 来做一只猫

恋爱
06

渴望亲密

嗯……
喵
要怎么做才能和别人变得亲密呢?

还是想让我抱你?
喵
喵
怎么啦?想吃零食了吗?

摇呀摇♪
啊呀!
我要怎么做你才会开心呀!

哈哈……
首先想想怎样能让对方开心吧!
喵
可能没那么复杂。

想要和对方变得亲密时，不需要想得太复杂，想想和猫在一起时是怎么做的吧。

简单概括一下就是，我做什么能让对方开心呢？

虽然学习心理学里教的"被人喜爱的方法"也不错，但人的性格和喜好千差万别，所以去思考让这个"独特的人"开心的事就显得尤为重要。

虽然即便这样做了，最后也有可能因为两人性格不合适而难以变得亲密，但很少有人会讨厌一个发自内心想让自己高兴的人。

当面对不熟悉的猫时，我会先观察它。这同样可以用在当前自己还不熟悉的人身上。既然想和对方变得亲密，那至少要找到一些机会见到对方。不需要目不转睛地盯着对方，从小事开始观察就行。比如看到对方经常在公司的自动贩卖机买红茶，那么可以猜想他可能喜欢喝红茶；或是偶然间发现对方的手机上有吉祥物的挂件，那么可以推测他可能喜欢这个吉祥物。知道对方的喜好后更有利于找到他可能感兴趣的话题。

不如来做一只猫

恋爱

07 想被搭话

我不是个健谈的人，

所以希望对方能主动来搭话。

我的猫经常看向没人的地方，这会让我很在意。

试试先掌握视线的朝向吧！

很在意它的视线看向哪里，

想确认它在看什么。

目不转睛

如果不能直视对方，那就看着他附近的物体吧！

有可能因此开启新的话题哦！

44

你是否想要和别人攀谈，自己却很难开口，希望对方主动？我就是这种类型的人。我在观察猫的时候发现，人会非常在意别人视线的前方有什么。有一次，我看到猫一直盯着墙壁和天花板，甚至忘了我们之间语言不通，脱口问出："怎么啦？你在看什么？"然后蓦然发现，同样的事情以前也发生过。学生时代以及后来工作时，我都曾经问过盯着窗外一动不动的人"你在看什么？"。学生时代得到的回答是"有摩托车闯进了校园"，工作时得到的回答是"天色变暗了，好像要打雷"。就这样，我和平时不太熟悉的人有了对话。

这样的事也曾经发生在我和陌生人之间。那时我在拍摄草丛的照片，一个老爷爷问我："你家养了小动物吗？"后来我和这对老年夫妻聊了很久关于流浪猫的话题。

当被人盯着的时候，我们很难不在意。"他注意到我换了发型吗？""我头发上有虫子吗？"不管猜测是好是坏，都让人非常在意。所以，当你想被搭话时，也许可以先看看周围有什么事物可以开启话题，或是追随着对方的视线，看看是否有展开对话的契机。

不如 来做一只猫

恋爱
08

因为冷淡的回应而沮丧

> 总感觉好沮丧。

> 男朋友的回应总是很冷淡,

> 会让人难以拒绝而显得沉重,不是吗?

> 如果情感太直接,

乖啦 乖啦 喵

喵 喵 乖啦 乖啦 舔

喵 喵 乖啦 乖啦 舔 舔

> 看起来好沉重……

> 来势汹汹的感情或许会很沉重哦?

46

确实，亲近之人冷淡的回应会让人沮丧，产生"爱情是否变淡了"的怀疑，但是感情如果太直接，也可能会让人感到沉重。

有时候不管我怎么呼唤我家的猫，它也不过来；有时候它又会彻夜打搅我，让我睡不着觉。这时它会一直"呜噜噜"地叫着，亲热地舔我。我相信这些行为都出于它对我的爱，所以努力克制住了怒火。但我想对它说："我也很爱你，但是你能别这么激动吗？"情感不足让人寂寞，但过剩同样会让人疲惫，其中的平衡很难把握。

恋人的感情和需求过剩会让人感到困扰，因为回应需要耗费时间。工作时不时发来的信息会让人手忙脚乱，深夜的来电又会让人睡眠不足。为了配合对方想要见面的想法，甚至需要压抑自己的需求、更改自己的计划。最后忍耐只会越积越多，成为精神压力。恋人如此，家人和朋友也一样。

你可能会因为对方冷淡的回应而感到寂寞，但只要不是关系真的变差了，就给予对方一定的独处时间吧。毕竟在爱情里，平衡也很重要。

不如来做一只猫

恋爱
09
讨厌被否定

会消沉吧。	当呈现真实的自己却被否定时，

小猫咪，快过来！
嗒嗒嗒

转身
小猫咪，快过来！
怎么突然就跑了？

只是平时回应的一个组成部分而已。
太在意你就输了
否定是没有深层含义的，

当呈现真实的自己却被否定时，的确会让人难受。但是，这其中可能只是存在一些误会而已，而且，即便被否定了，也不必太过介意。

猫咪会亲近我这个主人，有时候也会因为心情的转变而改变态度。有时候我呼唤它过来，它会在跑过来的途中突然转头离去。这时只要再呼唤它一次，它就会过来。也许它途中的转头并没有什么深层含义，只是一种不常见的行为而已。

它并非想要否定我的行动，而只是偶然做出了让人感到被否定的行为而已。人际关系中也有很多类似的情况，特别在害怕被拒绝的事情上更是如此。其实对方有可能只是不了解真实的你，从而没有察觉到你与平时的不同而已。

如果没有误解，你也没有做错事却还是被否定，那么请不要认同否定自己的人。无论否定的是否是真实的自己，被否定都让人难受。如果有人出口伤人而不自知，那么你大可不必把这些话当真，认真你就输了。

不如 来做一只猫

恋爱
10
不被爱

不被爱太让人痛苦了。

我那么爱他，他却不爱我，

我对它们一视同仁，却还是有只猫不太愿意亲近我。

我曾经有五只猫，

我觉得能照顾和守护着它就心满意足啦！

不过，看着它和其他猫一起生活的样子，

还有些时候，你充当的不是被爱的角色。

有时候，付出的爱会比得到的爱多，

如果付出的爱和得到的爱同样多，那该多幸福呀！但现实往往不尽如人意。而且爱也并不能量化，我们没有办法测量得到的爱与付出的爱是否对等，只能通过观察和感受去判断。正因如此，有些人不确定自己是被爱着的。

我曾经同时养了五只猫，我自认为对它们的爱是一视同仁的，没有任何偏心。结果有的猫很亲近我，有的猫却连我的抚摸都很难接受。起初我有一些难过，不明白为什么会这样。后来看它幸福地和其他猫生活在一起，我就释然了。付出的爱不一定需要回报，只要它能幸福，我就算不被爱又如何呢？

把对象换成人也一样，当看到爱的人幸福时，自己也会特别开心。

很多人想要被爱，但与其执着于被爱，不如先去爱人。不要抱着"不喜欢我的人与我无关"的态度，这只会让人与人之间的距离越来越远。虽然不一定准确，但我认为比起索求爱的人，付出爱的人被爱的可能性更大。

不如来做一只猫

恋爱

11 划清边界

恋人之间不就该这样吗?

如果可以的话,我想要与对方共同拥有所有事物。

都需要有边界哦。

不管是家人还是恋人,

有些隐私和独立空间是禁止侵入的。

哇呜

居然睡到我床上了……

和家猫之间有时都需要划清边界。

但更重要的是认识到每个人都有不愿与他人分享或分担的事物。

相互理解是很重要,

52

不管关系多么亲近，哪怕对方是家人或恋人，划清边界都是必要的。不要因为有血缘关系或太爱对方就共同拥有所有事物。可能有人会说"我没有任何隐瞒"，但隐瞒和边界有些许不同。正是因为关系亲密，才更需要边界感，尊重相互的独立性，才能更懂得感恩。比如当你辛苦完成家务后，对方却认为"能者理应多劳"，或是自以为"我干得更多"，这些都会成为争吵的导火索。如果事先明确分工，就可以避免这类问题。边界感太弱只会更容易形成依赖共生的关系。另外，隐私的保护也很重要，书房和卧室等独立空间的存在会让人有安全感。从心理层面来说，毫无顾忌地侵入别人的心理边界也算不上是有素质的行为。

家猫也有自己的隐私。如果我感受到它现在不愿意被亲近，也不会强求，就让它自己静静地待着，因为它也有需要独处的时候。

相互理解很重要，但更为重要的是认识到对方是独立的个体，也会有不愿意与他人共同拥有的事物、场所和思想。

不如来做一只猫

恋爱

12 不必容忍一切

哎……
我累了……
如果喜欢他,是不是就要容忍他的一切呢?

每个人的容忍度不一样,有的人的容忍度像水坝那么大,
有的人的容忍度却像猫的额头那么小。

撕哈
惊吓
不是说容忍度必须像水坝那么大,
就算是水坝,过度了也是要决堤的。

如果对方连你的限度都不清楚,却要给你增加负担的话,
那就用猫额头那点容忍度去对待他吧!

如果喜欢他，就要容忍他的一切……才怪！

如果喜欢的人对你说"你能容忍我的一切"，你是否会感到对方在夸奖你心胸宽广？是否会回答对方："啊，是的，如果喜欢的话，是应该包容的吧……"。那么我们换一个说法。

"喜欢我就原谅我啊！"

听起来是不是很差劲？这便是仗着对方的包容而有恃无恐的人。这种人应该被踢出局。

除此之外，容忍度也因人、因状况而呈现差异性。有人的容忍度像水坝那么大，也有人的像猫额头那么小。度的差异并不代表人性的优劣，它与个人的性格、当时所处环境，以及经济状况等有关。面对平时能够容忍的事，内心空间的变化也可能使容忍度变为猫额头或是水坝的大小。而且，即便是水坝，如果只蓄水而不放水的话，最坏的结果也是决堤。因此，就算你的内心有空间，也不应该过度容忍。如果对方不清楚你的限度，却要给你增加负担，那么就用猫额头那点容忍度去对付他就行了，不必因为喜欢他就什么都原谅。

不如 来做一只猫

恋爱

13 衰老意味着什么?

这种事也无法完全避免。

尿在地板上了吗?

你是只老年猫啦,

年轻的时候还跳上过冰箱呢!

抱上

爬不上来吗?

喵

我明白了一件事……

看着它从小猫变成老猫,

但其实最不安的,还是它自己。

虽然它的衰老会给我带来很多麻烦,

陪护老人是一件辛苦的事，其中也有很多辛酸。我曾经就经历过。

后来我陪着猫咪一起走到它的老年，便有了新的感触。它再也去不了曾经去过的高处，再也吃不了曾经爱吃的食物，甚至开始在夜里感到不安。每当看到它因为逐渐做不到以前习以为常的事而感到困惑时，我都能感受到，最不安和难受的，还是渐渐老去的它自己。我也曾在住院时体会过身体不听脑袋使唤的感觉，那时候的我就非常不安。

据说猫的20岁相当于人的96岁。除了拍纪录片，很少有人能够见证一个人从出生到晚年，而我因为全程参与了它96年的人生（20年的猫生），才更深切地感受到，衰老的人自己才是最痛苦的。反过来，因为从我出生开始，祖父母和父母就比我年长，我不曾看到他们婴幼儿时期的可爱和儿童时期的活泼，所以很难用同样的视角去看待他们。一旦开始这样想之后，面对老去的家人以及终有一天也会老去的自己时，我就产生了尽量温柔相待的想法。

不如来做一只猫

恋爱
14
爱是什么？

你要是爱我的话，不如分担点家务吧。

前男友 曾经

哦

该吃早饭了哦!

♪

现在

喵

呀

我来清扫厕所。扫干净扫干净！

哈哈……也许这就是爱吧。

觉得为对方做事是理所应当的。

?

58

我曾经为了寻找爱的真谛而翻阅哲学和心理学的书籍，最后得出来的结论却并没有什么特别——爱就是不求回报的给予。但这做起来却并不容易。我能做到不要求回报，但内心其实并不确定，因为我发现，当我开始思考"不求回报"时，就代表我已经意识到"回报"这件事了，而且被问到"为什么"时，也会有"因为我爱他"的反应。如此一来，就完全陷入"爱是什么"的证明里了。

我对猫的爱与对家人的爱虽然很相近，但我与猫没有血缘关系，物种不同，更不可能产生类似母子的抚养关系，甚至连语言都不通。我不确定我爱它的同时，它是否也爱我。但即便如此，我还是会理所应当地照顾它。

或许这就是不求回报的给予吧。有人会说这是因为猫很可爱，但是恋人不也同样可爱吗？如果说照顾猫是主人的义务，那么实际上我所做的会超出义务的范围。如果有人问我："你爱猫吗？"我会脱口而出"是的"。这种不假思索让我自己都感到吃惊。

爱的定义有很多种，没有哪一种是标准答案。就像猛然发现自己已经与某个人成了朋友一样，爱也是不需要刻意确认的。

第三章
工作

不如 来做一只猫

工作
01
随机应变

喵

唔……

用往常的方法根本做不完。

这款猫粮吃腻了吗？要试试其他的吗？

剩饭了哦……

嗯？怎么啦？

年纪越大，能吃的就越少。

狼吞虎咽

给老年猫准备猫粮时需要随机应变呢！

试试其他方法吧。

大快朵颐

对呀，也许工作也可以这样，

62

工作进展不顺利时，不要拘泥于以往的方法，可以试着随机应变。虽然尝试不习惯的方法和新鲜事物的确会伴随着风险和内心的不安，但如果不去尝试，也许工作就彻底失败了。把突发的问题转变成机遇很有挑战性，所以需要事先预想各种状况，除了预备平常的解决对策，还需要思考应对变化的方法。不打无准备之仗，这样会让人安心不少。

我家的猫自从上了年纪以后饮食变得不太规律，所以我事先准备了几种猫粮，如果它吃腻了其中一种，我便换着喂给它其他几种，这样它总算能吃进去一些。老年猫和年轻的猫不一样，空腹时间过长可能会危及性命，所以平时准备一些其他牌子的猫粮是很有必要的。即使它有可能不吃，也好过我没有任何准备，在发生万一时感到后悔。

工作上的随机应变和准备也一样。不过工作的内容有固定的模式和倾向，比猫的饮食好恶更好预测。如果想着"必须要用这种方式"，那么遇到万一的情况，你可能会感到崩溃，但如果换一种想法"就随机应变吧"，则会轻松很多。

不如来做一只猫

工作

02 别人能做到的，我不一定能做到

呜呜……

为什么别人能做到，我却做不到。

它们的成长环境虽然相同，但各方面的表现却很不一样。

我曾经养了一家五口猫。

有的猫认生，有的猫却很友好。

有的猫能跳到很高的地方，有的猫却不能。

更何况人呢！做不到别人能做的事也很正常。

猫的一家子都如此不同，

有很多人因为做不到其他人能做到的事而感到心累。

我曾经养过一家五口猫，它们的血脉相通，生长环境相同，但有的猫能跳到很高的地方，有的猫却不行。它们就连性格差异都很大。如果用人来做比较的话，就相当于父子或亲兄弟俩的身体机能差距巨大；或是哥哥是"社牛"，而弟弟却是"社恐"。猫兄弟尚且如此，更何况人呢！因此，即便做不到别人能做到的事，也完全不用在意。

老实说，我也没资格评论他人。因为我从小就有一个缺点，裁纸不整齐。我的朋友也很奇怪：你能描绘那么细致的画，而且心灵手巧，为什么会裁不好纸呢？但我就是做不到。就算拿尺子压住纸，我也会因为手不稳而割到尺子。我曾经因为这件事特别沮丧，后来别人向我推荐了一种叫"滑动裁纸刀"的小型工具，我便开始使用这种工具。

别人能做到的，我却做不到，这样的事常有。如果非要做，那么用其他方法取得同样的结果不就行了吗？人各不相同，你只需要找到适合自己的方法就行了。

不如 来做一只猫

工作
03

危险时可以逃跑

找人帮助你,或者干脆逃跑吧!

我好辛苦,但又不能反抗公司……

都希望猫能够逃跑,能被保护。

每当我听到虐猫的新闻时,

和虐待没有任何区别!

黑心企业的压榨,

遇到危险的时候,人是可以逃跑的。

好啦好啦

所以,不要勉强自己,找人帮助你,或者逃跑吧。

辛苦的时候就逃跑吧，我一直以来都这么认为。

但不能逃，也无人帮助，反抗不了现在的公司，也不能辞职……

这时候可以依靠的对象不只有朋友和上司，还有政府机构和工会的咨询窗口。如果不能反抗公司又不被允许辞职的话，聘请律师应对，大概率是能成功离职的。这样做虽然麻烦，也需要花钱，但相比之下，保护好自己更重要。

每当我看到猫和狗被虐待的新闻时，都会希望它们能逃跑或是被保护起来。动物难以逃离虐待，是因为它们常被禁锢，或是被捆绑，或是被关起来。人不会被禁锢，但如果不逃跑，也只会落得和不能逃脱的动物们同样的下场——被伤害、被精神控制。

黑心企业和校园霸凌在本质上与虐待毫无区别。虽然对方会粉饰这种行为，辩解"这是工作上的教育"或是"我们只是在玩"，但其实质还是和虐待小动物的人所说的"只是训得过度了"一样，都是借口。所以，感觉到危险时请不顾一切地逃跑吧！有时候本能的直觉比理性的思考更重要，不管是动物还是人类，遇到危险时都可以逃跑。

工作 04 以前能做到的，现在做不到了

> 不知道是不是因为上了年纪，以前能做到的事，现在做不到了。

> 老花眼？

> 猫也一样。

> 太正常了

滑下 / 使劲

> 上了年纪后，不能正常上厕所了，

> 弹跳力也下降了。

> 不可能只有人能一直做到以前能做的事吧？

> 人对自己要求太高了。

是的 是的

> 还是接受年龄增长的现实，

> 想想对策比较好。

| 即便年纪大了也能做到的事。 | 只有在年轻时能做到的事。 |

随着我们年龄的增长，有的事做起来会越来越熟练顺手，有的事却渐渐做不到了。说得更直接一点，身体和健康状况变差之后，年轻时能做到的事现在却做不到了。周围就有现成的例子，有的人因为老花眼看不清字；有的人因为腰痛，再也难以承受办公桌前长时间的工作。

猫也一样。在我写这本书的时候，我的猫已经19岁了，这个夏天它即将迎来20岁的生日。自从上了年纪之后，它开始在晚上乱叫，也跳不上高处，甚至不能正常排便了。尽管它看起来年轻，但实则已经是只老年猫了。为了避免它受伤，我会结合它的情况采取一些措施，比如在床下铺缓冲垫，或是抱着它移动等。这样一来，它能做到的事就会更多。

人类随着年龄增长，心有余而力不足时，就会难以接受自己的衰老，只觉得是自己不够努力或是忽视了健康管理。但是，世间万物中怎么会只有人不受岁月的影响呢？还是对自己好一些吧。

接受现实后才能采取相应的对策。听力不好可以用助听器，腿脚不灵活可以拄拐杖。接受自己的衰老，不要逞强，这样你才能发现更多你能做到的事。

不如 来做一只猫

工作
05

羡慕不惧风险的人

有的人完全没把风险当作风险哦！

我要成为航海王！

我羡慕不惧风险的人。

嘶哈

的确！

不是有人被猫抓了无数次还是不能吸取教训吗？

抓挠

即便如此，还是会满心欢喜地奔向猫。

被抓伤了可能会感染，而且可能会加剧猫的讨厌情绪。

哇

哈哈哈……

即是正义

猫咪

周围的人觉得是风险，当事人却乐在其中。

不惧风险的人通常并不把风险看作风险。有人将风险看作机遇，有人则享受风险带来的刺激。周围的人觉得是风险，当事人却并不这么认为。

以前我认识一个猫主人，他的手上全是猫的抓痕。我曾经问过他，为什么会被抓得遍体鳞伤。结果是因为他和猫玩的方式容易被抓挠，并且明知道会被抓挠还是要去逗猫。养过动物的人都知道，被咬或者被抓了之后可能会感染，所以无论多么爱它们，都必须立好规矩。有好几次我也被猫的爪子划伤过，即便伤口很小，也需要及时清洗消毒。在我看来，这种就算被抓挠也要逗猫的做法就是很大的风险。不过，他本人倒是乐此不疲，即便我提醒他这很危险，他也只是毫不在意地说"好的，我以后会注意的"，然后继续如此。

同样，有一些争强好胜或追求刺激的人，他们在工作中也享受其中包含的风险。我虽然羡慕他们不惧风险，但我认为在工作时，与其去冒险，还是尽力避免风险为佳。

不如来做一只猫

工作
06

轻视别人？

嗯……

气冲冲

我感觉自己在工作中被轻视了……

高高在上

不会，因为它是猫主子嘛，哈哈！

如果猫对你居高临下，你会生气吗？

才会因为被轻视而生气。

是的，只有在认为自己应该居于高位时，

也就是说，你也在轻视对方。

感觉自己被轻视时，可能实际上恰好相反，是你在轻视别人。

当看到猫居高临下时，大多数人都不会感到生气，因为对方是猫，日常就是站在高处的。如果是爱猫人士，这时候更是会为了拍摄猫骄傲的姿态而毫不在意地掏出手机。

如果对方是自己敬重的人，那么对方怎么说都可以。哪怕感到被对方轻视了，也会要么选择不在意，要么认为是误会，要么无计可施，只能放弃。

那么，人在什么时候会因为对方的轻视而感到生气呢？大概是"不想被这样的家伙轻视"时。我们在被处于下位或是无法尊敬的对象轻视时，才会感到愤怒。但是反过来想，我们在面对他人时，心里却想着"你在我之下""我完全无法尊敬你"，不是很失礼吗？这不也是在轻视对方吗？

所以，在感到被别人轻视时，先深呼吸，想想自己是怎么看待对方的。也许只是因为你讨厌对方而已。同时，如果这种轻视是真实存在的，那么还是和对方保持距离吧。

不如 来做一只猫

工作 07

想把爱好变成事业

——我想把爱好变成事业。

——如果持续做喜欢的事，那它在某一天可能真的能成为你的事业哦。

——不是吧，哪有那么顺利的？

——我很喜欢猫，在持续画猫的过程中，这变成了我的事业。

喵

——那是因为你有才能。

——我一开始完全不会画，也练习了很久哦。

——不，那是因为你……

明明想把爱好变成事业，却不肯付诸行动。

74

我曾经问过我敬重的设计师，怎样才能把爱好变成事业，他的回答是：把你的爱好付诸行动。我当初认为，行动了就能把爱好变成事业吗？哪有这么顺利的事？后来，我抱着试试的心态行动起来，结果真的把爱好变成了现在的事业。到了最近，我才隐约理解了他话里的意思。

以我的工作为例，不画漫画的人是很难得到画漫画的工作的。另外，某些我们本以为自己喜欢的事，实际行动之后才发现是如此辛苦和令人讨厌，这样的例子也不少见。因为如果不尝试，便无法知晓其中的艰辛。能够成为事业的爱好大致分为两种，一种是因为太过喜欢，所以不觉得辛苦的事；另一种是如果不喜欢便无法坚持的事。

有些人因为爱猫而养猫，但养起来后才知道麻烦，最后只得选择放弃。有些事的确如此，如果不尝试，就不会了解其中的困难。当然，这种做法非常不负责任，而真正爱猫的人是会负责到底的。如果想给小猫找主人，明显后者更合适，不是吗？

同理，人在工作中也会更愿意和后者合作。因此，在爱好上持续投入的人，才能得到更多把爱好变成事业的机会。

不如 来做一只猫

工作
08

天上不会掉馅饼

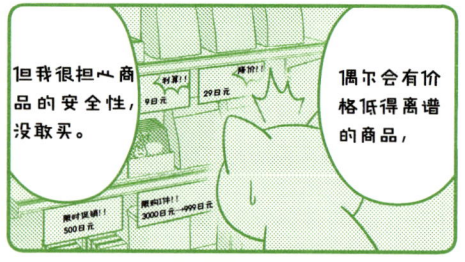

因为很担心不是真的吧？

难以理解……

这挺好的呀！为什么周围的人都不同意呢？

卖猫粮的商家……

说不定是运气好？

不过，万一是真的呢？

但我很担心商品的安全性，没敢买。

偶尔会有价格低得离谱的商品，

天上不会掉馅饼，大概就像这样吧？

我不会买，也不敢买……

动物用品的审查本就不严，这也让我不太放心。

76

天上不会掉馅饼。大家一致否定的事，一定有其理由，不要认为是自己运气好捡了漏。工作中，与其赌一个不确定性，还不如慎重对待更好。

我经常在买猫粮时看到价格低得让我怀疑自己眼睛的商品。降价的理由大概是商家处理卖剩下的库存。有的是因为商品临近保质期，有的是因为生产商信用度不高，有的是因为商品评价太低。食品安全尤为重要，大家最终只会花和平时买差不多的价钱，选择信得过的生产商的产品。如果贪便宜买了低价商品，让猫的健康受损，那我一定会追悔莫及。比起买便宜的猫粮而把猫送进医院，还不如从一开始就买信得过的产品，这样对钱包也更友好。

谁都不捡的便宜就是这样，要么就是对方有所隐瞒，要么就是伴随着风险。在工作中选择"捡便宜"会给自己和公司带来大麻烦，所以还是三思而后行吧。

工作

09

不够专注

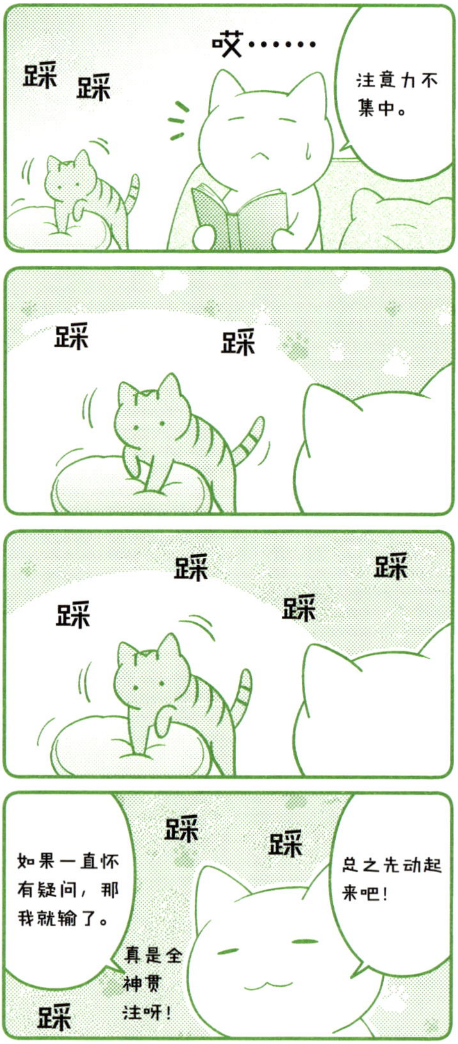

据说人类天生就不能集中注意力。很久以前，人类在狩猎的过程中可能会被其他动物偷袭，因此如果只将注意力集中在一点上，会有性命之忧。这时便需要分散注意力。所以大部分心理学书籍都会这样写："注意力不集中是理所当然的，但有克服的办法。"从条件上来说，野生动物和人类相同，但是，有一件事能让比人类保留更多野性的猫全身心地投入，那便是"踩奶"。

猫在表达喜爱之情时会在柔软的毛毯或垫子上踩踏。因为它们太全神贯注，像匠人一样安静而认真，因此在网上被比喻为"面包师傅"。我观察后的感想是，如果它对持续踩踏这件事抱有疑问，是一定坚持不下去的。因此，每当我注意力不集中时，就会模仿猫，至少先动起来。

就像踩毛毯的猫一样，心无杂念，不抱任何疑问地默默坚持，无论结局好坏，都一定会得到相应的结果，比半途而废更有意义。成功了固然很好，失败了也能吸取教训，而且工作上暂时遇到失败稍做调整后也许又能继续进行下去。因此，我的建议是，即使注意力不集中，手也不要停下。

工作

10 想得到肯定

哎……
我工作都这么努力了，
却还是有人不满意。

吃饭了哦！
大口大口
狼吞虎咽 狼吞虎咽

她给我喂饭是天经地义的事。
又是这个呀……
好好吃！♪

哈哈……
我那么用心地为它们准备猫粮……
有的猫却并不领情。

工作被肯定的确让人开心，但有时候努力也不一定能得到预期的回应和好评。

我家有五只猫时，准备它们的饭比养一只猫时更麻烦。我需要确认每只猫的喜好，还得为它们分餐。结果每只猫的反应却不一样，有的猫吃得很香，有的猫觉得我是在应付任务，还有的猫认为主人给自己喂饭是天经地义的事。当然，这只是我观察它们的表情后做出的猜测。我用同样的方式照顾它们，却不一定能得到相应的回报，同样，努力了也不一定会得到肯定。

工作上也是同样的道理。因为我们面对的人不同，所以就算做同样的事，有时也不能得到同样的肯定；有时自己想要被肯定的部分与对方肯定的部分不匹配，就会有意料之外的夸奖或批评。这可以说是无可奈何的事，因为人千差万别，不会给出相同的评价。因此，就算努力得不到肯定，也不用沮丧。在这个场合得到差评，可能会在另一个场合得到好评。而且就算进展顺利时，也会有人讽刺你不要得意忘形；不顺利时，也会有人赞许你的努力。总之，不要轻易被别人的评价影响，你会活得更轻松。

第四章
陌生人

不如来做一只猫

陌生人

01 想与别人产生共鸣

> 我想与很多人产生共鸣。

> 的确是这样。

> 如果不缩小范围,我想应该很难。

> 可能有一个无限接近这个目标的生物。

> 网络和现实也是共通的……

> 不过,这世上存在引起一万人共鸣的情况吗?

> 猫很可爱,

> 这一点很多人都有共鸣。

84

第四章 陌生人

要让很多人产生共鸣是一件困难的事。漫画家之间曾经流传过一句话："社交平台上的关注人数如果达到××人，就能以作者身份出道了。"很多人为了达到这个目标，想要红起来，进行了各种尝试。但引起大家的共鸣很难，即便缩小目标范围，全力钻研之后也难以做到。顺带一提，我知道这件事是因为一名作者的投稿，他认为用关注者人数来决定是否出道是错误的，当时还上了热搜。这个作者的观点便引起了很多人的共鸣。

说来惭愧，我当时决定以作者身份出道的契机，便是我发表在社交平台上的漫画有了不错的反响。不过，我当时还在埋头做着游戏设计的工作，画的漫画只有朋友看，完全没有想过推广，更没想过以作者的身份出道。经过这件事之后，我明白了一个道理，比起有意为之，还是传达内心真实的想法更容易引起共鸣。

在本应是治愈系的宠物版块里，也有人批判投稿人为了吸引眼球、获取流量而拍摄的萌宠视频有虐待猫的嫌疑。因此，先不要想着引起共鸣，还是把内心所想所感传达出来吧。比起关注人数，遇见真正与自己有共鸣的人更为重要。

不如 来做一只猫

陌生人

02

蛮不讲理

简直蛮不讲理，气死我了！

啊！我服了！！刚才的人，

你就当他是流浪猫吧。

难以沟通的陌生人，

和流浪猫打招呼，对方也只会无视或逃走。

看这边

这边

如果把认识的人比作家猫，那陌生人就是流浪猫。

如果把对方当作流浪猫，即便被冷漠对待了也能容忍。

如果一开始就做好心理准备，也就更愿意选择放开了。

第四章 陌生人

流浪猫不好接近，就算温柔地呼唤它，伸出手去抱它，它也只会无视或逃走。这是因为它对我不感兴趣，所以难以接近。不通道理的陌生人在某种程度上就与流浪猫差不多。

家猫与朋友、家人、恋人相似，双方有较高的好感度。因此，虽然家猫还保留了猫的本性，但对主人有特别的信赖感。工作中的同事则更像猫咖[①]里的猫，有职业素养，习惯了与人打交道，对初次见面的人也比较亲切。

说了这么多，我最想表达的是，如果把不通道理的人当作流浪猫，就会有被冷漠对待的心理准备，也更愿意选择放弃。

不必为陌生人的不通道理而烦躁，因为对方既不是"家猫"，也不是训练有素的"猫咖职员"，对这样的人抱有过高期待，只会让你疲劳。

而且，从对方的角度出发，你不也是一个不通道理的陌生人吗？也许你现在正因为遇到不讲道理的人而烦躁愤怒，但对方只是"不会再见面的人"，所以就把对方当作流浪猫，早些抛诸脑后吧。

---

① 猫咖：猫咪咖啡馆，场馆中有专为猫咪设置的区域。——编者注

不如来做一只猫

陌生人

03 看不惯

不必因为别人而烦躁哦。

总感觉很看不惯那个人。

陌生人怎么可能按你的想法行事呢?

希望他多考虑一下周围人的感受。

你也不会认为它应该像家猫那样亲近人,是吧?

作为一只猫,你这种态度不太好吧?

流浪猫不听话,

你就当他是"流浪人"吧!

路过的陌生人,

第四章 陌生人

我经常会看不惯路过的人的某些行为，甚至想要上前劝诫。其中最经典的便是看到别人违反交通规则时的反应。最近，我碰到一个在狭窄的路上逆向疾驰的骑车人，他在躲避对向来车时紧急右转，结果整个车子飞了出去，看起来相当恐怖。我本想劝诫他，如果多为周围的人考虑一下，就不会发生这样的事，但转念一想，人哪有那么容易改变，更何况对方还是陌生人。

流浪猫会弄乱花坛，会在路上和其他猫打架。这时候你即便教训它，它也不会像家猫一样听话。但如果你保护它并给它投食，那么便可以像训练家猫一样训练它。也许，流浪猫会因为与人类关系的不同而选择是否需要照顾对方的情绪。人也会因为处在全是陌生人的环境里而变得毫无顾忌。比如在旅途中不知羞耻的人，就是因为丢掉了平时的理性。我并非倡导要时刻绷紧脑中的弦，但偶尔碰到这种事，的确会让人感到不愉快。还是把只见一次的人当作"流浪人"吧，因为他与你的关系不密切，所以不必顾虑你，这是无可奈何的事。但你可以从中吸取教训，不要做一个他人眼中的"流浪人"。

不如来做一只猫

陌生人

04 自来熟

我不擅长应付自来熟的人。

那还挺有猫性的呢!

我必须得一一回应吗?

只要不伤害到对方,适度回应就好了吧?

猫也不擅长应付自来熟的人,所以我能理解。

猫也不擅长吗?

呼呼

但我也理解不被理睬之人的心情。

呜哇

那我尽量不伤害他。

呃

虽然每只猫都有所不同，但与狗相比，猫更不擅长应付自来熟的人。如果勉强靠近，猫只会竖起毛发威慑对方；或是疲于应付，迅速找个地方躲起来。

目睹这些之后，我认为，人也可以在应付自来熟的人时选择性地忽视对方，因为——回应只会让你感到疲惫。我就不擅长应付习惯进行过度肢体接触的人和在社交平台上初识就言谈太亲昵的人。

不过，也有人认为自来熟的人更容易与他人建立连接。这与人的性格有关，没有优劣之分。我们不必勉强配合他们，他们也不用勉强配合我们。

在此基础上，我发现我能理解猫为什么不想理会对方。但同时，因为我被冷淡对待过，所以也能理解不被理睬之人的心情（苦笑）。回避的行为如果过了度，真的很伤人。所以，如果还要维持关系的话，还是在尽量不伤害对方的情况下，适当忽视他吧。

不如 来做一只猫

陌生人

05

被路人激起的愤怒

——我对路过的人很生气……

——啊,常有的事啦!

——可能因为你太在意,所以无意识中就注意到这种人了。

丢

——最近老是看到这种人……

——就像在走路时忽然发现的猫……

——怎么说?

——无意识地竖起了雷达,就会发现很多猫……

这里

——总觉得我也懂……

第四章 陌生人

我出门时总能碰上不讲礼貌的人,但这种人只是少数,大多数人都很注意不给周围的人添麻烦,更不会闹事。

所以,若发现自己经常碰到让人生气的人时,可能是因为你无意识中竖起了天线,总是能在人群中注意到他们。

如果走在路上总想着"最近遇到的都是些不讲礼貌的人",那就像想吃甜食的时候总能看见甜品店推出的新品一样,精准发现目标。

走在路上总能发现猫的人想必会有同样的感受。对猫毫无兴趣的人在路上不会注意到猫,但爱猫人士走同样的路却像安了传感器一样,连隐藏的猫都能发现。我以前曾经和一位专门拍摄猫的摄影师谈过,他与猫的相遇概率相当高。我相信,如果他与别人走同样的路,他一定能发现更多的猫。

所以,如果老是遇到让自己愤怒的人,不如有意识地把注意力转向其他地方吧!或者问问自己,最近有什么问题让自己烦躁吗?内心的感受发生改变时,眼中倒映的风景也会大不相同。

不如来做一只猫

陌生人

06

在社交平台上被贬损

——在社交平台上被贬损了怎么办?

——唔哇……

——我会完全无视。

——如果你出于正义感去阻止,在他们看来也是一种回应。
- 不要人身攻击了!
- 不听,哈哈!
- 不要诋毁别人!
- 你这是阻碍言论自由,哈哈!

——网络上永远都有贬损、诋毁他人的人。

——像猫一样,完全无视麻烦的人吧!

——而只有人才会对任何事都做出反应。

在社交平台上被贬损后，最好不要给对方任何回应。对诋毁的态度也一样。为什么这么说呢？因为面对贬损和诋毁时，不管怎么回复，对于对方来说都是一种回应，既然有回应，对方就很可能不会收敛。

可能有些人如果不回复的话内心就会很焦躁，难以冷静下来；也有些人会因为无视对方而产生罪恶感。但是老实说，会对任何事做出反应的，只有人类。

猫更喜欢主动撒娇，不太喜欢别人热情地靠近，虽然其中也存在个体差异，但大体来说就是如此。如果时机不对，猫会完全无视靠近它的人。我有一个朋友很喜欢逗猫，就连猫嫌弃的表情他都觉得可爱。最开始，猫还会吼他挠他，但后来，猫就开始完全无视他了。我还记得那时候他一脸落寞地说："猫咪完全不理我了……"对于不知分寸的人，最有效的方法就是直接无视。后来，我的朋友也开始学会看猫的脸色，事实证明，猫采取的措施是正确的。

如果觉得麻烦，就不要回应，人也可以做到这一点。在社交平台上贬损你的人正在期待着你的反应。无论是讲道理、辩驳，还是批判对方，这都是一种回应，只会让对方更开心。因此，这时候还是不要回复对方吧。

不如 来做一只猫

陌生人

07

街头碰见的危险人物

作为一名社会成员，是不是应该上前劝阻？

如果出门碰到危险人物，该怎么办？

坚定

报警吧！

这种时候就抛开人的理性，当自己是动物吧。

说什么呢？你再说一遍？

会给别人添麻烦的……

只有人会因为坚持正义而奋不顾身。

惊吓

降落

我家的猫在碰到巨大的蜘蛛时，会抛下我逃跑哦！

哈哈……

如果外出时看到危险人物，出于道德原因，你可能会想上前劝阻，但我建议你还是报警吧。第一眼就觉得这个人危险，是你的本能在提醒你。动物在感到危险时会拔腿就跑。我家的猫在看到巨大的蜘蛛从天而降时，也会立刻抛下我逃走。虽然我有些伤心，但我认为人在感到危险时同样应该抛弃理性思维，选择保护自己。

现实中，有些人富有正义感的行为会引起纷争，结果使自己受了重伤，甚至还可能因此而丧命。从新闻中可以了解到，这样的受害者大多是男性。女性受害者少的原因大概在于知道自己的弱小，而且不会承受类似"男子汉大丈夫"的舆论压力，所以可以避免危险。

受害的男性大概也是充满戒备的，但即便如此，还是无法自保。从这一点我们就能看到其中的危险性。

如果在此基础上，你仍然想要做些什么的话，那就寻求周围人的帮助，或者报警吧。只靠自己解决问题的想法是很危险的。

不如 来做一只猫

陌生人

08 志愿者精神是必要的吗?

- 志愿者精神是必要的吗?
- 我只是偶尔捐捐钱而已……
- 如果有余力也有意愿,那就去做吧!

- 我看书上说,就算不富裕,也应该去做力所能及的事。
- 我养了猫的,我做不到……
- 不也要看自己愿不愿意做,又做不做得到吗?

- 与其在一个不合适的环境下养猫,
- 不如选择在有钱有闲的时候养。

- 没有余力却贸然出手,除了自我满足,谁都救不了。
- 还是先掂量一下自己的能力为好。

志愿者精神并非必要的，而是有余力时的一个选择。志愿者精神是"不求回报的奉献"。如果只需要付出关心，我会欣然接受，但如果需要具体行动，就会使我望而却步。

不求回报说起来容易，做起来却很难。我可以要求自己"不要期待回报"，但如果内心接受了这样的设定，当接收方认为这是理所应当时，我还是会不自觉地想"至少应该感谢一下吧"。另外，无偿奉献的前提是这段时间不用工作也能保证自己的正常生活。如果断言志愿者精神是必要的，那么想要奉献却做不到的人就会产生罪恶感。

如果不付出行动，就得不到周围人的认可。比如有的人想养猫，但因为经济原因没有养，另一些人就会说，你不养猫是因为你根本就不想养。但是，如果把这种状况归咎于自己不够努力的话，只会让自己更加痛苦。如果勉强自己养，最后不是一句"养不了了"就能解决的。综上所述，我认为最好不要对志愿者精神太过执着。

不如 来做一只猫

陌生人

09

羡慕

——

想象自己是一只猫。

你羡慕别人的时候是怎么做的呢?

——

很多物质对猫来说都有毒。

? 想象自己吗?不是别人?

——

但对自己来说可能是毒药。

我已经得到了这么多,为什么比以前更加痛苦?

他人拥有的境遇和财产虽然看起来很美好,

——

我懂!

我下辈子要当一只猫!

是的,但我还是最羡慕猫!

羡慕他人的时候，想象自己是一只猫吧。

可能有的人会认为"你居然想当猫主子，太厚颜无耻了"。不过，猫和人不同，很多东西都对猫有害，只要吃到或碰到就会中毒，比如我们经常接触到的巧克力和零食、郁金香和满天星等美丽的花朵等。绿萝等观赏植物也对猫有害，我一直把绿萝寄养在父母家，直到我家的猫因为上了年纪跳不上桌子为止。这些我眼中美味的食物和美丽的花草，对猫来说都是毒药。

你可能会羡慕别人的境遇和资产，但一旦拥有之后，它们可能也会变成你的毒药。比如抢来的工作可能会因为你不能胜任而失败；你眼中他人的完美恋人，也可能和你性格不合；得到梦寐以求的工作后却倍感压力，怀念过往的人也非常多。所以，在羡慕别人拥有的东西时就这样想吧，"彼之蜜糖，猫（吾）之砒霜"。

不如来做一只猫

陌生人

10

不想接触陌生人

全盘否定只会给自己造成损失哦。

我不想和不认识的人接触。

也会错过很多美好的相遇。

如果完全拒绝和不认识的人产生联系,

不管是恋人、朋友、猫,都是一个道理。

现在和你说话的我,以前不也是陌生人吗?

相遇越多,选择就越多。

认识了之后再做筛选吧。

第四章 陌生人

我能理解一些人不想与陌生人接触的想法，因为初次见面时总会有一些戒备心。而且和熟识的人不一样，与陌生人相处时需要很客气，要达到相互理解也很困难。但是，如果完全不接触陌生人，就不会有新的相遇。密友也好，宠物也罢，最初我们对彼此都是完全陌生的。正是因为有了第一次接触，才成就了你与对方现在的关系。

在捡到猫之前，我正好打算养朋友犬舍里出生的小狗。那时候，我认为忠诚的狗更适合我，而且朋友家的猫很爱挠人，我经常看到他满是抓痕的手臂，因此对猫感到恐惧。

后来捡到的猫没人领养，我预定的小狗又有很多人想要，我便把猫留下了。我认为这就是我和猫之间缘分的开始。如果我坚决不接触陌生事物，那么就没有后来与猫一起生活的二十年，更不会像现在这样，写有关猫的书。

要不要和相遇的人产生更深的连接，这件事以后再决定也不迟。有时候一次相遇便能够改变一个人今后的命运。

不如来做一只猫

陌生人

11

被冷漠敷衍后感到气愤

> 营业员对我一副冷脸,我好生气!
> 态度太差了……
> 把冷漠的人当作猫就行了。

气愤

> 他没有猫可爱,我也不想原谅他!
> 这不是可不可爱,原不原谅的问题。

冷漠

> 猫的冷漠态度,
> 就是家常便饭。

> 把对方的冷漠当作理所当然,
> 心理的韧性就能得到锻炼。

第四章 陌生人

无论我遇到什么事情，都会想象对方是一只猫。这个方法在被陌生人冷漠敷衍时最为适用。一些人可能会说：他又不像猫那么可爱，我做不到这么想。但你不必把对方想象成可爱的猫，也并不是说这样就能原谅对方，而是因为无论是家猫还是流浪猫，都是阴晴不定的，被猫冷漠对待，太平常不过了。

如果对方是人，人们会觉得"态度太差了"或是"至少给个回应吧……"，但如果对方是猫，这便只是"日常操作"。特别是擦肩而过的猫，它无视的态度甚至会让人怀疑：它真的有看到我吗？据说比起被讨厌，人在被无视时才是最难受的，而猫对没有兴趣的人便是完全无视的态度。因此，即便被猫冷漠对待了，我也只会这样想：至少它意识到我的存在了。

我经常把不按照我想法行动的陌生人当作猫，一是因为我难以把他们想象成什么神秘生物或是讨厌的事物；二是如果这么想只会让我更加生气。为了转换烦躁的心情，还是猫的形象最合适，因为即便它毫无缘由地冷漠对待我，我也恨不起来。

不如来做一只猫

陌生人

12 想被陌生人追捧

想受欢迎，想被追捧，想成为众人视线的焦点！

这样啊，我还是要分场合和对象吧。

不管在何时何地，我都想被追捧。

不会觉得有点可怕吗？

不明身份的人靠近你，

因为太近的距离意味着发生意外时难以逃脱。

小猫咪！

当不常来的人到我家里时，我家的猫会很警觉，

这么一说我就明白了。

嗯嗯

社交平台上突然很熟络地靠近你的人，大多数不也不靠谱吗？

第四章 陌生人

不管在现实生活中还是在网上，总有一些人随时随地都想被追捧。对于我来说，这有点可怕。首先，对方是不明身份的陌生人；其次，"随时随地"就意味着自己是没有选择的。

我家曾经有五只猫，它们在面对初次来访的客人时都会很警觉，会拉开一段距离观察情况，直到能放下心来。虽然大多数的访客都抱有善意地期待着与猫的见面，但猫并不清楚对面的人是否安全无害。如果放任危险的生物靠近，那么发生万一时逃脱的概率就会降低。这种与陌生人保持距离的行为是动物的本能。

也许你会羡慕一呼百应的名人或是每次投稿关注度都很高的人，但名人需要雇用保镖，日常出行也需要遮住脸，可以说他们被追捧的代价是失去了自由。在网上关注度高的人也会被"黑粉"诽谤中伤，越是受欢迎的人越有可能被嫉妒。当然，如果只是因为做了自己想做的事而受到追捧，这无可厚非。但如果只是想刻意获得陌生人的好感，倒不如多花点精力去加深和身边人的感情，这样会带给你更多的安全感和幸福感。

第五章
自己

不如 来做一只猫

自己

01

不想生气

我讨厌生气时的自己。

我想做一个不生气的人,

猫似乎会有所察觉并感到痛苦,于是我就只有离开房间。

我焦躁的时候,

我就决定尽量不要生气。

一想到这段时间它需要忍受孤独,

那就能尽量少生气了。

就像生气需要理由,如果不生气也需要理由,想要改变自己时，思考一下，你能为了什么而做出改变？能为自己努力固然很好，但如果觉得困难，也可以试试为家人、朋友，或是家里的猫而努力。特别是想做到不生气的人，大多不只是为了自己，也是为了身边的人。

我身边曾经就有一个易怒的人。我每天都提心吊胆，生怕他把气撒在我身上。即便他不对我生气，也会带来很强的压迫感，因此我每天都会产生不少压力。这个例子便可以说明愤怒让周围的人多么不安。

因此，每当我在家里生气时，都会顾虑一起生活的猫会不会受到这种情绪的影响。

动物很敏感，所以当我发现猫快要察觉到我在生气时，不管白天黑夜，我都会到外面去，等冷静下来后才回屋内。只是一想到这段时间猫会感到孤单，我就想尽量少生气。我会寻找冷静下来的方法，或是学着小事不计较。

生气是需要理由的，如果不生气也需要理由，那么就能减少生气的次数。不想生气时，想想为什么不想生气吧。

不如来做一只猫

自己

02 想生气

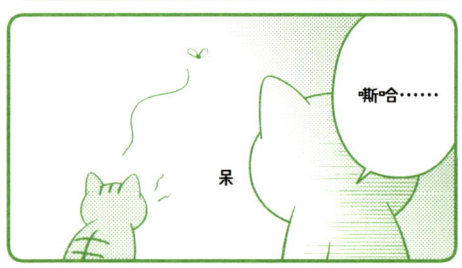

唔……

最后形成了压抑愤怒的习惯。

老是觉得生气不好，

不生气虽然不错，但心里不舒服。

嘶哈

嘶哈……

呆

嘶哈

也不用那么纠结了，挺好。

总感觉这样像发泄了一些愤怒，

嘶哈

就像有的人不想生气却控制不住自己一样，有的人即便想生气也很难表现出来。这两种情况都太极端了，都会给当事人造成困扰。必要的时候可以生气，不必要的时候可以压抑，这看似简单，做起来却很难。

不想生气的人可能是因为觉得生气不好。但如果想生气却不能生气，总有一天情绪会到极限，随后要么愤怒暴发，要么精神崩溃。顺带一提，我就是想生气却做不到的人，因为我并不想声嘶力竭地大吼。或许正是因为我不擅长这样做，所以才不能正常地生气吧？不能发脾气的结果就是我会变得非常烦躁。

每当这种时候，我就会假装生气。猫生气的时候，我也会跟着它"嘶哈"地叫。周围没有其他人和宠物的时候，随时这么做都可以。假装生气时能体会到一些真实生气的感受，而且只是发出"嘶哈"声，不用说脏话或大吼大叫，晚上也不用担心扰民。在发出"嘶哈"声时需要用力吐气，所以和深呼吸一样，有种释放的感觉。我推荐你在想生气却不能生气时也试试这个方法。

不如 来做一只猫

自己

03 想任性而为

每当观察猫的时候，

我就觉得人也可以更任性一些。

趴下

如果说因为对象是猫，所以能被包容的话，

我喜欢狗！

那如果对方不喜欢猫，就难以包容了吧？

选择适当的场合和对象，

原谅它！
养猫派

麻烦！
养狗派

任性的事看起来就不那么任性了。

所以，不用一直忍耐，

虽然做不了事，但也不错……

呼噜噜

创造一个能够任性而为的空间吧！

114

拥有可以任性而为的空间非常重要。因为任性而为意味着得到了足够多的包容，而人在得到包容后内心会觉得安宁。因此，平时总是压抑自己的人可以试着任性一些。

话虽如此，但是如果对方并不包容你的任性，就只会让人感到厌恶。你可能会觉得没有能够包容自己任性的场所，但换一个场合，换一批人，你所认为的任性就不再被认为是任性了。

我会羡慕猫每天都任性而为却可以被允许。但冷静下来思考，我会发现这是因为我喜欢猫，我周围的人也喜欢猫，所以它处在这样的环境下才能如此任性。如果是"养狗派"的"地盘"，那么情况可能会完全相反。如果是讨厌动物的人聚集的地方，那么不管是猫还是狗都得不到包容。

我想，一定有人和你一样，因为同样的事而忍耐。而处在这样的人群中也许才是你可以任性的地方。如果仍然找不到，你也可以创造一个独属于自己的王国。考虑到不能任性的人在独处时往往也会压抑自己，那么不如试着说说谁的坏话，或者沉浸于不为人知的兴趣里。留出一段时间，在这段时间里允许自己做任何事，这样内心就会感到安宁。

不如来做一只猫

自己

04 想要保持欲望

喵 喵

想吃零食吗？

喵 喵

不要睡觉了，起来陪我玩吧！

可能会得到更多东西吧？

呼噜噜

如果我也像猫一样，不掩饰地直接表达自己的欲望，

传达得越多，机会就越多。

我可以给你介绍！

有什么工作是可以画猫的？我想做！！

想要的东西、想做的事、喜欢的人，

116

猫能很直接地表达自己的欲望，比如想要零食、想吃饭，或者让我不要睡觉，起来陪它玩。我当然不能回应它所有的需要，但正因为它如此直接，我才能明白它需要什么，我又该如何应对。

人也可以像猫一样，不必忍耐，直接表达自己的欲望。我回顾过去时也曾感到后悔：如果那时候直接一点，是不是能得到更多？

不仅是物质上的东西，其他方面也一样。如果那时候向喜欢的人表白，如果填报志愿的时候能选择自己真正想学的专业，那么可能现在又是另外一番景象。

如果不用语言表达出来，是不能传达自己的心意的。每多表达一次，机会就又多了一分。另外，不管多么会揣测别人的心思，如果对方没有表达需要，就不能硬塞给他。

我认为人需要有欲望。如果没有欲望，就不会诞生梦想。有了欲望之后才会想要实现它，才会有目标。虽然自我克制很重要，但只要不对他人造成困扰，就不用否定欲望本身。

不如来做一只猫

\自己/
05
想变得温柔

当我不能温柔待人时，

总会想起和猫相处的时间。

不管它到处乱拉还是搞恶作剧，

我对它的爱都不会变。

从"零"到"一"很难，

但从"一"到"二""三"，则只需要努力就够了。

如果世界上出现了一个能让人变得温柔的地方，

那么这种地方会变得越来越多的。

当你不能温柔待人时，想想过去对别人温柔的时刻吧。曾几何时，对某一个人、某一只动物温柔过，那么你就有可能对更多的人温柔。曾经温柔待人的人是有温柔的能力的。从无到有是很困难的，但只要有"一"，在努力的推动下便可以有"二"和"三"。

我在做不到对人温柔的时候，就会想起和猫相处的时间。因为猫不管是到处乱拉还是搞恶作剧，我都能对它倾注爱意。当想到我也拥有能够温柔对待的对象时，我就能意识到我有这种能力，也能做到更多。

如果无论如何都找不到自己温柔待人的时刻，那么就模仿对自己温柔的人吧。如果你既不曾对他人温柔过，又没有被人温柔对待过，却仍想要变得温柔，那么这是一件相当了不起的事情。因为大多数人被温柔对待之后才会想变得温柔，很少有人没有体会过温柔却想变得温柔。这时候，你只需要做自己觉得温柔的事就行了。

变温柔没有什么特定的方法，拥有想要变得温柔的意愿才是最重要的。

不如 来做一只猫

自己

06 对讨厌的事物想直言不讳

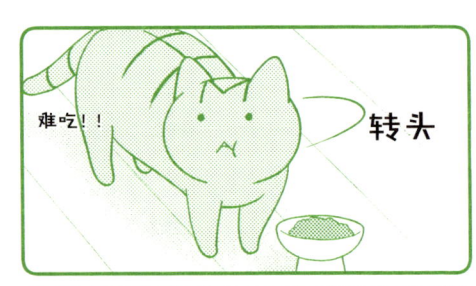

难吃！！

转头

喵！（难吃）
喵！（难吃）

猫会很露骨地表达讨厌。

人也一样，如果不明说，别人就不知道你讨厌什么。

喵！（难吃）

因此我很清楚它讨厌什么。

喵！（难吃）

如果直说，也许情况还会有所改变。

你喜欢其他味道的呀……

狼吞虎咽

讨厌就直说吧。

如果感到讨厌，就说出来吧。正是因为猫对讨厌的东西表现得非常露骨，所以即便语言不通，我也能清楚它讨厌什么。人和人之间语言相通，只要有沟通的意愿，就应该去更好地传达。

不过，也有一些内容恰恰是因为语言相通才难以传达的，"讨厌"一词便是如此，因为它带有很明确的否定意味，要说出口需要非凡的勇气。如果像猫一样语言不通，那么对方倒是会努力察言观色。但如果人与人相处时，讨厌却不明说，也不表现出来，那么对方就只会认为你并不在意。一旦如此，这种糟糕的体验只会永无止境。

猫如果因为讨厌一款猫粮而拒绝进食的话，大概率会得到另一款猫粮。如果我们也直接表达讨厌的意思，状况也许会大不相同。要是你很抵触直截了当地表达"讨厌"，那么试试把它换成肯定的说法吧。正是因为人与人语言相通，才能做到转换表达方式。比如，如果有其他选项，那么你可以表示"我更喜欢这个"，这样听起来就没有直接否定其他选项；又或者，你也可以在日常生活中便让对方知道自己的喜好。这些做法比直接说"讨厌"更容易让对方接受。

最后，对讨厌的事物不用忍耐，尽量回避吧。

不如 来做一只猫

这世上也有我们无法容许的事。

不行!

自己

07

无法容许的事

这个不行!这是人的食物,对你来说有毒!

喵
喵

你叫得这么可爱也不行!

不行!!

绝对,

连猫都知道,不是所有事都可以得到允许的。

路过……

对人的食物没兴趣了吗?

虽然宽容是一个很棒的特质，但这个世界上也存在着无法容许和不能允许的事，所以你不必事事都宽容。

我平时对猫非常放任，但当它想吃对身体有害的食物或是做危险的事时，我会断然拒绝。它一开始对我的饮食兴趣盎然，但多次被拒绝后，也便不再企图得到人类的食物了。只是在其他事情上，它仍然会非常任性，坚持自己的要求。看来，只要认真传达，猫也能分清我的底线在哪里。

虽然拒绝别人会激发自己被讨厌的恐惧，但如果事关对方的人身安全，你就必须断然拒绝。而其他时候，如果你不能做到发自内心地包容，那么也不必勉强。

什么都能容许的人并非善良，果断拒绝往往也能使对方获益。说得不好听一点，什么都能容许的人也是没有责任感、对别人毫不在乎的人。不管是为了自己还是他人，改掉什么都容许的习惯吧。

不如 来做一只猫

自己

08 可以选择不同的态度吗?

这太理想化了。
喵

无论对方是谁都能无差别地对待,

电话响了。
乖啦 乖啦
蹭蹭
哔——
哔——

嘶哈
竖起
喂……
喂……

猫也会在面对不同的对象时采取不同的行动。
它在嫉妒我通电话的对象。
不好意思……
你的猫在生气吗?没关系吗?
嘶哈

无差别地对待任何人，这是一件很棒的事，但我认为我们在某种程度上可以对不同的人有不同的态度。

不管是对直接面对的人还是电话那头的人，猫都会非常露骨地表现出好恶。和我关系好的人会成为"猫选之人"，但"猫选之人"并非猫亲近的对象，而是猫嫉妒的对象。每当他们和我通电话时，猫就会"喵喵"地叫着打扰我。这样一来，他们也会注意到猫，问我："要不先挂了吧？"而猫也会在我挂电话那一刻停止叫唤。猫基于自己的任性和独占欲做出了选择，人也可以在面对不同的对象时选择不同的态度。

"对喜欢的人温柔""对讨厌的人爱答不理"不也挺好的吗？我甚至认为"无差别地对待任何人"是一个小小的诅咒。工作上不能选择对象，这无可厚非，但如果连日常生活中都要压抑自己的感受的话，也太难受了吧。要是因为这种"一视同仁"而错被别人喜欢，或是被喜欢的人误解，谁来为这样的结果负责呢？

"不能选择"实则只是被迫选择了"不去做选择"。反正都是选择，那不如尊重自己的意愿吧。

不如 来做一只猫

自己

09

不惧将来

未来总是不符合预期……

思考将来时会感到不安。

而且年龄大了，也没想过换工作。

社会环境总在发生变化，

也是我未曾预料到的。

那天和你的相遇，

无论是好是坏，未来都无法预料。

不管是恐惧还是期待，就让它停留在"此刻"吧。

未来到底会发生什么，没有人知道。

我小时候想象的长大后的自己和现在的我完全不同，那时候以为会永远在一起的朋友，我现在也不知道他们在哪里，又在做什么。我就这样上学、找工作、上班，偶尔和好朋友喝喝酒，休息日买买东西、旅旅游。我原本以为安稳的日子会这样持续下去，结果日本发生了大地震，全球又暴发了新冠疫情，与亲近的人见面都变得困难。而这一切，谁又能预料到呢？谁都不能。

人在思索未来时会变得不安，坏事来临时往往又难以预料。但从另外的角度来看，这种不确定性同时也意味着未来会发生很多好事。也许某一天，你就会突然碰到改变自己人生的人。我就经历了几次让人难以置信的相遇。与猫的相遇便是其中一个例子。以前的我难以想象会有和猫一起生活的一天，因为在捡到猫之前，我其实更喜欢狗。

把恐惧和期待都留在"此刻"吧。我们就连接下来的几秒会发生什么都说不准，与其忧虑未来，不如把时间用在当下，因为我们能够把握的只有当下。

不如 来做一只猫

自己

10

不因过往而苦

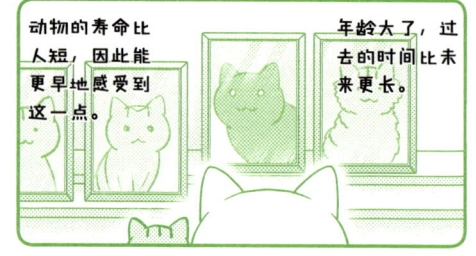

回想过去，有很多让我痛苦的事。

你在失去亲人的时候……

也渐渐习惯了一只猫的生活。

每天仍然会好好吃饭，

我也想尽量活在当下。

小小的你都能做到，

动物的寿命比人短，因此能更早地感受到这一点。

年龄大了，过去的时间比未来更长。

人生苦难重重，对此我深有体会。

最近几年最让我痛苦的便是家人去世之后，我的两只猫也因病死亡了。之后的五年内又有两只猫相继离世，原本的五只猫只剩下一只，它如今也二十岁了。我们现在就过着这样一人一猫的生活。说实话，我一直很担心这对它来说太残忍了，因为它最喜欢撒娇，和其他猫的关系也很好，我怕它忍受不了寂寞。但它每天都好好吃饭，也渐渐习惯了一只猫的生活。看着这样的它，我觉得自己也不能沉湎于往事，要跨越过去的痛苦。

随着年龄的增长，某一天，过去会变得比未来更长。猫的寿命比人短，也许能更早明白这件事。我年纪也不小了，剩下的时间已经比我过去的时间短了。人在时间宽裕时，往往不会关注现实。当未来的时间还很长时，人很难把现在看得比过去更重要。我衷心希望读到这里的读者能享受现在，不执着于过往。

不如 来做一只猫

自己

11

不知道想做什么

人是为了有所成就而诞生的吧?

应该带着某种使命。

喵

呜噜 喵
呜噜
呼噜
呼噜

呼呼

啊!　喵?

猫看起来无忧无虑的,真好啊!

也许我也可以试着活得更轻松一些。

只有人才会寻找活下去的理由吧?

我经常能听到这样的说法：既然出生在这个世界，那么就要有所成就。老实说，我认为人的诞生并没有什么使命。

我看着猫时就意识到，也许只有人才会追寻活着的意义和理由。其实我们可以不必特意给自己附加任何责任，也不必把自己逼得太紧，能够放松的时候就轻松地去生活吧。

不知道想做什么的时候，那就什么都不做吧。因为"不知道"便意味着现在没有想做的事，这时不应该以这样的状态去做些什么。缺乏深思熟虑的行动最后只会失败。但是，我相信，一旦有了想做的事，即便别人劝阻，你也能排除万难地去做。因为时间宝贵，哪怕一秒也不愿意浪费。但是，如果这时候你正在做着以前刻意寻找而来的事，那么它会成为你的阻碍。为了寻找生存的意义和使命而开始的事大多数都和工作一样，难以马上停下来。当你发现了真正想做的事时，一定会感到懊悔——我明明有真正想做的事，为什么却要把时间花在不想做的事情上呢?

所以没有什么想做的事情时，不用刻意花费时间和金钱去寻找，这些钱还是存着以备万一吧。

不如 来做一只猫

自己

12

想变得幸福

> 我经常想变得幸福，

> 但幸福又是什么呢？

喵

> 你也上了年纪了……

> 你只要多在我身边待一天，

> 我就多幸福一天。

> 弄清楚对自己来说什么才是幸福，

> 或许就能察觉到现在拥有的幸福。

我已经不记得至今为止说了多少次"想变得幸福"了。当我察觉的时候,这句话已经变成了我的口头禅。

幸福的定义因人而异,有的人因为遇到了人生伴侣而幸福,有的人因为不缺钱的生活而幸福,有的人因为工作上的成功而幸福。但是,如果死亡过早地把伴侣带走,留下的人就只剩痛苦;我认识的一位社长拥有地位和金钱,却更渴望平等相待的朋友;事业有成的人群里,也有人因为过于忙碌而怀念过去贫穷却安稳的生活。

对最近的我来说,幸福就是这只老年猫能够再多陪我哪怕一天。虽然我知道距离失去它的那一天不远了,但此刻能和它在一起,我就会感到幸福。也许,弄清楚对自己来说"幸福是什么"的那一刻,便是最幸福的时候。

如果对"幸福是什么"下了定义,或是将宏伟目标实现的成就感等同于幸福的话,那么这种幸福感的峰值过了后,人就会变得不幸。我反而认为幸福在每天的形态都是不一样的,通过觉察当下的心情和渴望,就能够抓住很多幸福。

后记

感谢你拿起这本书。

首先,我想由衷地感谢出版社给了我这次机会,让我能把平时从猫身上学到的东西写成书。

后记该写什么呢?我犹豫了一段时间,后来还是决定写写我和猫的相遇。

大概二十年前,我本来是决定养狗的。我和一个朋友约定,如果他犬舍里的狗生了小狗,就给我留一只。那时候的我因为学生时代去朋友家时被猫挠伤了手,还亲眼看见养猫的朋友满手的抓痕,所以对猫是有一些恐惧的。

我和猫相遇在因事外出的途中。因为返回东京当天的天气预报说下午会有台风,所以我早上就去外面散步了。我沿着河岸行走时突然听到了鸟叫,后来再仔细听听,才发现那是猫叫。我顺着声音去草丛里寻找,看到了两只被传单包裹起来扔掉的小猫。我捧起它们的瞬间,天上便下起了瓢泼大雨。于是我把它们用大片的叶子包好,一路小跑带回了家。那时我感受到了我们之间的缘分,便有了把它们养大的想法。后来我预定的小狗也有了主人，我就决定养猫了。

如果那时候的我没有注意到它们的叫声，如今的我便不会得到创作以猫为主角的漫画和书籍的机会。

我们难以预测哪怕几秒后的未来会发生什么，偶然的相遇有可能改写我们未来的人生。我在养猫之前比现在更热衷于工作，经常不回家，又因为要在全是男性的技术类公司里表现得强势，所以浑身都是刺。但自从养了猫以后，为了照顾它们，我开始每天回家，为了不把坏情绪传染给猫，我更加努力地保持平和。

在每天与猫的相处中，我开始渴望像猫一样自我、松弛地生活。为了能在家中给猫养老，我决定成为自由职业者。如果没有遇到猫，那么我的人生应该和现在完全不一样吧。

就像这样，有时候一场相遇便能改变人的性格和生存方式。我的改变源于与猫的相遇，而有的人做改变则是因为家人、朋友或是恋人；另一些人则会因为梦想、工作，甚至一本书而变得不同。如果有人认为未来不会有任何改变，那么我想告诉他，我们就连接下来的几秒会发生什么都说不准，更不会知道未来有怎样的偶然在等待着我们，就像我曾经经历过的一样。

我们都有命中注定的相遇，希望这本书对于你来说也是如此。